AF494176

VICTOR DESSAIGNES

TRAVAUX DE CHIMIE ORGANIQUE

PRÉCÉDÉS D'UNE

NOTICE BIOGRAPHIQUE

TRAVAUX DE CHIMIE ORGANIQUE

DE

VICTOR DESSAIGNES

Licencié en droit, Avocat.
Docteur en Médecine.
Ancien Receveur municipal de Vendôme,
Membre de la Société Chimique de Paris, de la Société des Sciences de Cherbourg,
de la Société Archéologique du Vendomois,
Lauréat de l'Institut (Prix Jecker),
Membre correspondant de l'Institut,
Membre étranger de la Société Chimique de Londres,
Chevalier de la Légion d'honneur,

PRECEDES D'UNE

NOTICE BIOGRAPHIQUE

PAR

Le Dr Alban RIBEMONT - DESSAIGNES

Professeur Agrégé à la Faculté de Médecine de Paris.
Accoucheur de Beaujon.

VENDOME

TYPOGRAPHIE LEMERCIER

1886

AVANT - PROPOS

———

Les familles chez qui l'amour de la science pure
se transmet à travers les générations, ne sont pas
nombreuses, si l'on excepte celles qui appartien-
nent au monde savant officiel. Un bel exemple
d'une hérédité intellectuelle de ce genre a été
donné par Jean-Philibert Dessaignes et par son
fils Victor.

Tous les deux, en effet, placés dans les conditions les moins favorables, loin de tout centre
scientifique, abandonnés à leurs propres inspirations comme à leurs seules ressources, ont entrepris, et mené à bien, des recherches dont les résultats eussent fait honneur aux savants les plus
illustres. L'un et l'autre, modestes à l'excès, in-
différents aux honneurs et aux avantages matériels que peut donner le renom scientifique, ont vu
les mêmes récompenses venir les chercher dans
leur retraite, et s'imposer en quelque sorte à eux,
comme leurs travaux s'étaient imposés au monde
savant.

Jean-Philibert Dessaignes, ancien Oratorien, ancien élève, à la grande Ecole Normale, des Monge,
des Berthollet, des Lagrange, ne se borna pas à

enseigner à Vendôme la philosophie et les sciences physiques ; il consacrait les loisirs que lui
laissaient les soins de son enseignement, à des recherches, à des observations aussi nombreuses
que bien conduites. En 1809, il avait obtenu le
prix de 3,000 francs pour son *Etude de la phos-
phorescence et de ses causes,* sujet proposé par
l'Institut. Ses recherches sur l'électricité l'avaient
conduit à penser, le premier, que tous les phénomènes attribués jusqu'alors à divers fluides im-
pondérables, chaleur, lumière, électricité, magné-
tisme, ne sont que la manifestation d'un même
fluide éthéré, animé de mouvements différents.
On lui doit, entre autres, la découverte des phénomènes électriques qui résultent du contact de deux
métaux de nature identique et ne différant que
par la température. De 1810 à 1812, il avait in-
stallé dans le collège une sorte de télégraphe électrique, dont les fils se voyaient encore il y a trente
ans, et dont le principe reposait sur la reproduction à distance d'un mouvement quelconque de
l'électroscope à feuilles d'or. « De 1825 à 1828, il
« faisait encore fonctionner cet appareil, à titre de
« curieuse expérience », nous écrit notre savant
cousin M. Emilien Renou, qui en a été témoin.

Ces recherches scientifiques ne pouvaient ab-
sorber toute son activité intellectuelle. Il commen-
çait en 1818, pour ne l'achever que peu de temps
avant sa mort (21 janvier 1832), un grand ou-
vrage de philosophie, qui ne devait être publié
qu'en 1882, par les soins de ses trois fils Octave,
Victor et Philibert, et dont le titre indique l'esprit
général : *Etudes de l'Homme moral fondées sur*

les rapports de ses facultés avec son organisa-tion. Œuvre supérieure, d'une conception tout à fait neuve à l'époque où elle fut écrite, et dont les travaux modernes de physiologie et de pathologie cérébrales confirment la justesse.

Ses nombreux travaux scientifiques valurent à Jean-Philibert Dessaignes d'être nommé membre correspondant de la *Société Philomatique*, dont Geoffroy Saint-Hilaire était président et Ampère secrétaire (15 décembre 1810), et, dix ans après, d'être fait chevalier de la Légion d'honneur (10 février 1820).

Pareils honneurs devaient, cinquante ans plus tard, récompenser les travaux de son fils Victor.

L'homme qui possède un laboratoire, une chaire officiels, peut, sans danger pour ses œuvres, mener une vie modeste. Son enseignement fait connaître ses découvertes, et plus tard ses élèves, rappelant ses travaux, préservent ainsi sa mémoire de l'oubli.

Il n'en est pas de même pour celui qui, livré à ses propres inspirations, isolé, loin de Paris, a semé dans les recueils scientifiques divers les résultats de son labeur, au fur et à mesure de leur production.

Sans doute il ne sera pas oublié de l'élite des savants ses contemporains, si le sillon creusé est assez profond; mais cette dispersion de ses travaux rend difficile, après quelques années, la reconstitution de l'ensemble de son œuvre.

Il m'a semblé faire œuvre utile, et remplir tout à la fois un pieux devoir, en réunissant ici les diffé-

rents mémoires, notes, communications de mon
père, relatifs à la chimie, et en faisant précéder
ce recueil d'une courte notice biographique (1).

(1) Plusieurs notices biographiques ont déjà été publiées, dues à la plume de M. E. RENOU, directeur de l'Ob-
servatoire Météorologique du Parc de Saint-Maur (Journal *le Loir* du 11 janvier 1885) ; de M. NOUEL, professeur
de physique au lycée de Vendôme (Bulletin de la Société
Archéologique du Vendomois) ; de M. le Dr DUFAY, séna-
teur (Société Médicale de Loir-et-Cher, séance du 11 juin
1885). Nous empruntons largement à ces différentes notices, que nous essayons de compléter à l'aide de souvenirs personnels et de documents en notre possession.

NOTICE BIOGRAPHIQUE

Victor Dessaignes était le troisième des quatre fils de *Jean-Philibert Dessaignes* et de *Emilie-Françoise Renou*.

Il naquit à Vendôme le 10 nivôse An VIII (30 décembre 1800), dans le collège transformé par son père et par un autre Oratorien M. Mareschal en maison d'instruction privée. Après avoir fait de fortes études classiques dans cette école célèbre, où il avait puisé dans l'exemple et les leçons de son père des connaissances solides, le goût des sciences naturelles et de la philosophie, il vient à Paris, et, le 15 février 1819, il obtient son diplôme de bachelier ès-lettres.

Il commence immédiatement ses études de droit, tout en s'initiant à la procédure comme clerc d'avoué. Licencié le 7 janvier 1822, il prête le serment d'avocat le 24 août de la même année, et commence son stage le 26 novembre suivant.

Sa ressemblance intellectuelle avec son père était toutefois trop marquée pour qu'il se désintéressât des choses de la science. Aussi fut-il fort à l'aise pour écrire, au lieu et place d'un de ses amis malade, le Docteur Donné, quelques feuilletons scientifiques dans le *Journal des Débats*. Les articles signés Donné furent très remarqués. Donné, qui n'ignorait pas les aptitudes de son ami, l'engageait à étudier la médecine, tandis que Sylvestre de Sacy, séduit par les qualités de style et d'esprit de ce collaborateur anonyme, le pressait d'embrasser la carrière du journalisme. Donné l'emporta. Quarante-cinq ans plus tard, il rappelait, dans une lettre charmante, à son ami de jeunesse, en le félicitant de sa nomination à l'Institut, combien vive était déjà à cette époque sa passion pour la chimie.

CABINET

DU

RECTEUR

—

ACADÉMIE DE MONTPELLIER

—

« Montpellier, le 28 juillet 1869.

« Je veux être un des premiers à vous féliciter de votre succès à l'Institut, mon cher et ancien camarade, d'autant plus que c'est une occasion pour moi de renouer des relations que je me reproche depuis longtemps d'avoir laissé s'interrompre. Ce n'est pas que je ne suivisse toujours de loin vos travaux, et que je ne m'informasse souvent auprès de M. Balard, pour savoir quand enfin ils vous obtiendraient la récompense qu'ils méritaient. J'avais le plaisir de trouver en M. Balard un homme qui les appréciait à leur valeur, et qui désirait contribuer à vous ouvrir les portes de l'Académie des sciences. Vous y voilà enfin ; vous devez être heureux de ce couronnement de vos efforts, j'en suis heureux moi-même et je vous en félicite de tout mon cœur.

« Cette Académie qui a fait si souvent l'objet de nos

entretiens pendant notre jeunesse, elle vous devait une place dans son sein. Il est si rare de trouver en province des esprits distingués et dévoués à la science, capables d'aborder les sujets vraiment élevés ! Vous êtes de ces esprits-là, et vous n'avez pas démenti ce que promettaient vos débuts.

« Je n'ai pas oublié nos conversations dans lesquelles vous saviez si bien m'initier aux mystères de la théorie, ni votre enthousiasme à l'annonce de faits nouveaux et importants. C'est vous qui m'avez appris la belle découverte de M. Balard, jeune pharmacien inconnu alors, et je vous vois encore accourant chez moi pour m'annoncer la bonne nouvelle. Je l'ai souvent rappelé à l'inventeur du Brôme.

« Nous parlons souvent de vous avec ma femme, car soyez sûr que nous avons toujours conservé beaucoup d'amitié pour vous. Nous vous unissons dans nos souvenirs à ce pauvre Foucault, mort si jeune.

« Je voudrais bien vous revoir, et je fais souvent le projet d'aller vous chercher à Vendôme : mais le moyen d'en trouver le moment quand il faut partager ses vacances entre ses enfants mariés. Au moins si vous venez à Paris au mois de septembre, prévenez-moi (rue S¹-Guillaume, 31).

« Je vous embrasse de tout mon cœur.

« AL. DONNÉ. »

En octobre 1824, V. Dessaignes prenait sa première inscription à la Faculté de Médecine de Paris. Le diplôme de bachelier ès-sciences lui était indispensable pour prendre sa 8ᵉ inscription. Il obtient sans peine ce grade le 5 janvier 1827. Il continue, sans se hâter, ses études médicales ; devient au concours externe des hôpitaux, et est en cette qualité l'élève de Dupuytren ; son âge l'empêchant de concourir pour l'internat, il reçoit, après une série d'examens brillants, le bonnet de docteur le 30 juillet 1835.

Sa thèse fit sensation ; elle était intitulée : ESSAI SUR CETTE QUESTION : *Les corps analogues par leurs propriétés chimiques se ressemblent-ils par les modifications qu'ils impriment aux organes des animaux vivants ?*

Cette vaste question fut traitée de main de maître : il ressort du travail de V. Dessaignes que l'on doit lui donner une réponse négative.

Le jury, présidé par Orfila, fut tellement séduit par l'originalité de ce travail de chimie physiologique, et étonné de la somme énorme de connaissances qu'il avait exigée, qu'il crut devoir donner au jeune docteur un témoignage éclatant de sa satisfaction. La note d'examen : PARFAITEMENT, la meilleure, lui parut insuffisante, et il créa pour cette occasion la note TRÈS PARFAITEMENT.

Il avait été mis, au cours de ses études, en relation avec l'illustre doyen de la Faculté, et était devenu un des hôtes les plus assidus de son salon, si justement célèbre. Il y pouvait, en effet, satisfaire pleinement son goût pour la musique, le plus souvent simple auditeur, quelquefois cédant aux sollicitations d'Orfila et utilisant une charmante voix de ténorino dans les morceaux d'ensemble.

Reçu docteur, Victor Dessaignes revient à Vendôme, et, en 1836-37, professe au collège, dirigé alors par le Père Duchesne, un cours d'anatomie et de physiologie pour les élèves de philosophie. A la même époque, il fait aux élèves de réthorique et à ceux de philosophie un autre cours embrassant la physique, la chimie, l'histoire naturelle.

Un des auditeurs de ces cours, notre bien cher maître et ami le savant M. Charles Bouchet, apprécie en ces termes l'enseignement de V. Dessaignes, dans une lettre datée du 5 septembre 1885, et dont nous extrayons quelques passages :

« ..... M. Dessaignes fit un cours d'anatomie et surtout de physiologie en dehors des programmes classiques, et par pur amour de la science. Il était fait pour les élèves de philosophie dans le local ordinaire de leur classe, et écouté avec beaucoup d'intérêt. Je venais de terminer mes études, et je n'hésitai pas à me remettre sur les bancs pour un cours qui avait tant d'attrait pour moi....... M. Dessaignes avait toutes les qualités enseignantes au plus haut degré : la clarté de l'exposition, la netteté et la gravité de la parole, l'art d'intéresser ses auditeurs, une bonté pour ses élèves qui le lui rendaient en respect. En un mot il était né professeur. Il avait hérité des qualités de son père..... »

Nous avons retrouvé le brouillon de ces leçons de chimie et de physique.

Nous en détachons les premières phrases d'ouverture du cours, qui répondent bien à l'appréciation qu'on vient de lire :

« Messieurs,

« Si je me suis chargé avec plaisir de faire le cours de chimie et de physique, c'est dans l'espoir de vous communiquer pour ces belles sciences, tout le goût que j'ai pris pour elles en les étudiant. Je ne négligerai rien pour vous rendre les leçons agréables, persuadé que si je puis vous faire retenir les principaux éléments de ces deux sciences, vous aurez ainsi complété votre éducation et acquis des notions qui pourront vous être très utiles dans le cours de la vie. J'ai le droit de vous demander de votre côté un peu d'attention et beaucoup de silence. Je me félicite d'avoir affaire non à des enfants, mais à des jeunes gens que leur raison et non la contrainte engagent à travailler, et il ne dépendra que de vous que je me croie au milieu d'amis qui me demandent de leur communiquer ce que je sais. C'est assez vous dire que je ne me déciderai qu'avec regret à employer les punitions à votre égard. Je ne le ferai qu'autant que j'y serai forcé et dans l'intérêt du plus grand nombre, qui ne sera jamais animé, j'en suis sûr, que du désir de s'instruire.

« Je soulagerai votre attention en vous faisant connaître les applications de la science aux besoins de la vie, et en frappant vos yeux aussi souvent que possible par le résultat sensible des expériences . . . . .

. . . .

Les hommes qui se consacrent à la science peuvent la servir de deux manières, soit en la faisant progresser par la recherche constante de vérités nouvelles, soit par la divulgation, la vulgarisation des notions acquises.

L'homme de laboratoire est assez souvent médiocre professeur; un professeur excellent peut n'avoir à son actif aucune découverte dans la science qu'il est chargé d'enseigner. Il est rare de trouver un homme dont l'organisation se prête également bien à ces deux rôles si différents.

Victor Dessaignes était un de ces hommes. Les

qualités professorales les plus brillantes se trou-
vaient réunies chez lui à celles qu'exigent les recherches originales du laboratoire. Par contre, il
n'avait aucun goût pour la pratique médicale. La
vue du sang l'impressionnait à un point inima-
ginable. Il n'avait qu'un désir: faire de la chimie. Malheureusement ses seules ressources ne
lui eussent guère permis de créer rapidement le
laboratoire qu'il ambitionnait.

Un mariage, rêvé depuis longtemps de part et
d'autre, l'obligea à solliciter les modestes fonctions
de Receveur municipal. Son oncle et futur beau-
père Renou exigeait en effet que l'époux de sa
fille eût une *position assurée*.

Les fonctions de Receveur municipal étaient
peu rétribuées, mais peu absorbantes. Elles lais-
seraient à Dessaignes des loisirs, en même temps
qu'elles lui permettraient de réaliser l'organisa-
tion de ce laboratoire après lequel il soupirait.

Il obtint sa nomination le 4 juillet 1837, grâce
à l'appui du duc Decazes, ancien élève de Jean-
Philibert Dessaignes, et se maria le 12 septembre de la même année.

Un avenir heureux s'ouvrait devant le jeune
savant, avenir bientôt brisé par une épouvantable
catastrophe : sa jeune et charmante compagne
succombait le 4 janvier 1839 aux suites d'un ac-
cident.

Victor Dessaignes se plonge alors plus que
jamais dans ses études favorites, cherchant, dans
les satisfactions que donne la science, un apaise-
ment à sa douleur. Il habitait alors l'hôtel de
Langey, plus connu à Vendôme sous le nom

d'hôtel du Saillant, et situé à Vendôme rue Po-
terie, 45. C'est dans les communs de cette anti-
que demeure, au-dessus de la loge du concierge,
qu'il va installer et son bureau de Receveur et
son laboratoire.

Il s'empare de deux petites chambres mesu-
rant quelques pieds carrés, et dont l'une, chambre froide, contiendra les balances de précision,
les machines pneumatiques. Les murs sont, en
outre, tapissés de tablettes surchargées de bocaux
remplis de produits chimiques. C'est en même
temps le bureau du Receveur. L'autre chambre,
également garnie de vitrines, renferme les four-
neaux, la grille à analyse, la cuve à mercure, la
lampe d'émailleur. Voilà le laboratoire ; mais ce
n'est pas tout, car il y a des dépendances. C'est
d'abord un grenier, qui renferme les provisions
de verrerie, de bouchons, etc., puis une écurie
obscure, dans laquelle trouvent place les bon-
bonnes d'alcool, d'acides, d'ammoniaque, etc., et
enfin, à quelque distance, un hangar qui abrite
l'alambic et la provision de charbon de Paris, à
l'aide desquels Dessaignes s'efforcera d'obtenir
des températures constantes pendant plusieurs
mois. V. Dessaignes avait renoncé aux recherches de laboratoire lorsque Vendôme a été éclairé
au gaz.

Il lui fallut plusieurs années pour acquérir peu
à peu les instruments, les réactifs et la bibliothè-
que qui lui étaient indispensables.

C'est dans ce modeste laboratoire, privé de
tout ce qui rend attrayantes et faciles les recherches modernes, que, guidé par son seul génie,

Victor Dessaignes a entrepris, de 1845 à 1865, une série de travaux originaux qui l'ont placé au premier rang des chimistes de son siècle (1).

Dès 1856, le 14 avril, ils lui valaient d'être présenté en 3ᵉ ligne, pour remplacer M. Braconnot, correspondant de l'Institut.

La liste comprenait :

En 1ʳᵉ ligne, M. GERHARDT, professeur à la Faculté des sciences de Strasbourg ;

En 2ᵉ ligne, M. PASTEUR, professeur à la Faculté des sciences de Lille ;

En 3ᵉ ligne, *ex æquo*, M. BINEAU, professeur à la Faculté des sciences de Lyon ;

M. V. DESSAIGNES, receveur municipal à Vendôme.

Les remerciements adressés par V. Dessaignes à Balard à l'occasion de cette présentation, lui valurent de l'illustre inventeur du Brôme cette réponse :

« *Paris, 1ᵉʳ mai 1856.*

« Monsieur,

« Permettez-moi de n'accepter qu'une part dans les remerciements que vous m'avez adressés. Votre ami & mon collègue, M. Deville, a dû vous dire que c'était par un vote unanime que la section de chimie vous avait mis sur sa liste, et que je n'avais été que son interprète,

(1) « Je n'oublierai jamais, dit M. Nouel (loc. cit.), le « sentiment de stupéfaction que j'ai éprouvé en mettant « les pieds dans ce laboratoire ; c'est alors que j'ai compris « que le génie persévérant pouvait suppléer à tout, « tandis que rien ne peut le remplacer. »

dans le rapport qui a été lu à l'Académie pour justifier la présentation. Sa rédaction m'a donné l'occasion de relire vos travaux, c'est-à-dire de les apprécier plus vivement. Je vous remercie de mon côté du plaisir que cette lecture m'a causé, et je vous prie de croire que je serai heureux quand les circonstances me permettront de vous exprimer de vive voix les sentiments d'estime bien sincère dont je vous prie d'agréer ici l'assurance.

« BALARD. »

Le 19 août 1859, il se fit admettre un des premiers, parmi les chimistes de province, au nombre des membres de la Société Chimique de Paris, qui venait de se fonder sous la présidence de Dumas, et fut plus tard nommé membre du Conseil de la Société.

La première récompense que lui valurent ses travaux lui fut décernée par l'Institut en 1860.

Dans les Comptes rendus de l'Académie des Sciences, Tome LII, p. 597, 1861, on lit en effet : « *Prix Jecker,* pour encourager les travaux de chimie organique.

« La section a fait cette année deux parts du prix Jecker, elle a accordé un prix de 2,000 francs à M. Dessaignes, pour la reproduction par voie de transformation du sucre de gélatine, des acides succinique, aspartique, hippurique, aconitique, fumarique et racémique. »

Et le rapporteur, l'illustre Chevreul, ajoutait, au nom de la section, composée de MM. Dumas, Pelouze, Regnault, Balard, Frémy : « La section « de chimie, en décernant ce prix à M. Dessai- « gnes, donne un témoignage public de l'impor-

« tance qu'elle attache à des travaux exécutés
« hors de Paris, avec une grande persévérance,
« un talent des plus distingués, et le pur amour
« de la science abstraite. »

Victor Dessaignes avait, cette année-là, partagé
le prix Jecker avec M. Berthelot, et la section
avait dû réserver pour l'année suivante la récompense des travaux si importants de M. Pasteur.

Dumas, craignant d'avoir laissé échapper sans
l'avoir lu quelque mémoire de V. Dessaignes, lui
avait écrit quelque temps avant le vote de l'Académie :

« Monsieur,

« Vos travaux sont de ceux qu'on remarque toujours
et qu'on n'oublie jamais. Je crois les connaître tous et
n'en avoir point laissé passer sans en prendre ma part.
Cependant, ayant une occasion de les apprécier, il me serait pénible d'en avoir omis. Je viens donc vous demander d'avoir la bonté de m'en faire parvenir la liste.
Si je n'étais un peu pressé, je vous aurais évité ce
soin, mais je suis obligé d'arriver vite et je désire arriver bien, et je ne puis mieux faire que de m'adresser à
vous.

« Agréez, je vous prie, Monsieur, l'expression
de ma haute considération.

« J. DUMAS. »

L'illustre chimiste n'avait pas attendu d'ailleurs
le vote académique pour apprécier la valeur de
son émule de province. Sa haute situation donnait une valeur singulière à l'offre, si séduisante,
qu'il faisait à V. Dessaignes de le proposer au

choix du ministre, pour remplacer M. Bineau dans sa chaire de chimie à la Faculté des Sciences de Lyon.

« Monsieur,

« J'apprends à l'instant la perte que vient d'éprouver la Faculté des Sciences de Lyon par la mort de M. Bineau, son professeur de chimie. Avant d'écouter l'expression du désir d'aucun des candidats, permettez-moi de vous demander s'il vous conviendrait d'occuper une chaire qui a été remplie par MM. Boussingault, Regnault, et qui par conséquent n'éloigne pas trop de l'Institut ceux qui s'y consacrent. Assurément il ne dépendrait pas de moi que vous fussiez nommé, et je ne viens pas vous offrir une place que M. le Ministre seul peut faire occuper, mais je viens vous dire que je serais heureux, pour la science et pour l'Université, si vous m'autorisiez à prononcer votre nom dans cette circonstance.

« Veuillez agréer, Monsieur, la nouvelle expression de ma haute considération.

« J. DUMAS. »

Si flatteuse que fût l'offre de Dumas, et si tentante que dût être pour Victor Dessaignes la perspective d'un laboratoire largement approvisionné, rien ne put le décider à quitter son grenier et sa vie modeste. Il refusa, alléguant son âge, et Dumas, son contemporain, se rendit à ses raisons, non sans lui faire comprendre qu'il avait le droit de *former des désirs.*

Lundi soir.

« Mon cher Monsieur,

« L'Académie des Sciences, sur la proposition unanime de la section de chimie, vient de vous décerner un prix de deux mille francs, sur le fonds du legs Jecker.

« Le sentiment de tous les membres de la section s'est
exprimé avec tant de sympathie pour vos travaux, vos
découvertes et la direction pleine de finesse et de sagacité que vous avez donnée à vos études de chimie organique, qu'il ne pouvait qu'augmenter les regrets que
m'a causés votre lettre de ce matin. Je comprends, néanmoins, vos scrupules au sujet du professorat, et ce n'est
pas à l'âge où il m'a semblé tems de le quitter que je
pourrais conseiller à personne cette vie de pénibles efforts.

« Il me reste l'espoir que, mieux informé, si vous trou-
vez bon de me prendre pour confident des désirs que
vous pourriez former, il me serait donné d'être l'instru-
ment d'une justice trop tardive, mais qui n'en serait que
mieux approuvée par l'opinion.

« Veuillez croire, mon cher Monsieur, que personne
n'apprécie plus que moi ce que vous avez fait, et ne sent
mieux ce que vous promettez à la science, quoi que votre modestie en dise.

« Avec tous mes compliments les plus affectueux
et les plus sympathiques,

« J. DUMAS. »

Mais Dessaignes n'ambitionnait rien en dehors
de ses études favorites.

La Société des Sciences naturelles de Cherbourg le nommait, le 24 décembre 1861, membre
correspondant, à l'unanimité.

L'année suivante, lors de la fondation de la
Société Archéologique du Vendomois, il s'y faisait inscrire un des premiers, et de 1865 à 1868
y remplissait les fonctions de trésorier.

En juillet 1863, la section de chimie de l'Institut le présentait en seconde ligne pour la succession de M. Desormes.

Enfin, le 14 août de la même année, il était nommé Chevalier de la Légion d'honneur, *sur la proposition de l'Académie des Sciences,* dont M. Balard s'était fait l'éloquent interprète.

C'est ce qui ressort en effet de la lettre que lui adressait trois jours après son ami Henri Sainte-Claire Deville.

ÉCOLE NORMALE SUPÉRIEURE.   LABORATOIRE DE CHIMIE.

« Paris, le 17 août 1863.

« Cher ami,

« Je vous félicite, quoique ce soit un peu tardif. Vous méritiez en effet cette distinction depuis bien longtemps. Ecrivez un petit mot à M. Balard. Il a été pour vous, dans cette circonstance, d'une chaleur extraordinaire. Il y a eu un moment d'enthousiasme chez lui qui m'a touché pour l'amitié et l'estime que je vous ai vouées. *C'est à lui que vous devez de n'avoir pas été oublié une fois de plus.* »

« Votre ami bien dévoué,

« H. Sainte-Claire Deville. »

A l'étranger, ses découvertes n'étaient pas moins connues et appréciées qu'en France.

Le 21 avril 1864, la Société Chimique de Londres le nommait à l'unanimité membre étranger, distinction d'autant plus flatteuse qu'elle est très rarement accordée (1).

(1) Le nombre des membres étrangers ne peut dépasser quarante. Ce dernier chiffre est rarement atteint. En 1881, la Société ne comptait que vingt-neuf *fellows,* parmi lesquels dix Français : MM. Berthelot, Boussingault, Cahours, Chevreul, V. Dessaignes, Dumas, Friedel, Pasteur, Péligot, Würtz.

Toutefois V. Dessaignes, portant la peine de son isolement et de sa modestie, ne sut qu'au bout de plusieurs mois le vote honorable dont il avait été l'objet.

Il était plus connu en Angleterre que ne l'était la petite ville de Vendôme, et la lettre officielle lui annonçant sa nomination avait été adressée *Place Vendôme à Paris !* Elle ne lui parvint jamais.

L'illustre président de la Société, M. Edward Frankland, lui expliquait quelques mois plus tard l'erreur commise dans la suscription de la lettre :

ROYAL INSTITUTION.   Albemarle street.

London, Jan. 31/65.

« My dear Sir,

« I am not a little surprised to learn, from your esteemed favour of the 27th. inst., that you have not received my letter of last April, stating that you had been *unanimously* elected a *Foreign Fellow of the Chemical Society.* I now see however how the error has arisen : your address was incorrectly given to me as *Place Vendôme Paris*, and I am now only surprised that the letter has never been returned to me through the Post-office.

« As Foreign Fellow, you are entitled to receive the Journal of the Chemical Society per post, immediately on its publication : but I fear that your journals, like my letter, will not have reached you; but if this be so, and you will kindly inform me, I will take care that duplicates of all journals published since your election shall be sent to you immediately.

« The Chemical Society of London exacts no obligations from its Foreign Fellows whom it has the honour to enrol, but I need not say that we shall at all times be happy to receive any scientific communications with which you may favour the Society.

« I have the honour to remain, my dear Sir, your obedient servant,

« E. FRANKLAND. »

Si à l'étranger on ignorait Vendôme, les Vendomois ignoraient le chimiste et ne connaissaient que le Receveur municipal.

« Lors de la réunion des Sociétés savantes des départements en 1861, raconte M. Nouel (1), à la soirée du ministre, le samedi 6 avril, M. H..... inspecteur d'académie à Blois, est abordé par M. Milne Edwards (2), qui lui dit : « M. l'Inspec- « teur, vous avez dans votre département un fa- « meux savant qui vient d'être couronné par l'A- « cadémie des Sciences. » — L'autre s'incline, en souriant d'un air embarrassé. — « Comment ! « vous ne connaissez pas M. Dessaignes, le cé- « lèbre chimiste de Vendôme ? » — Second salut, aussi embarrassé.

« A son retour à Blois, l'inspecteur s'informe de ce savant qui lui a joué un si mauvais tour ; il était encore moins connu qu'à Vendôme. A sa première tournée d'inspection dans cette ville, il s'enquiert de nouveau du grand chimiste Dessai- gnes ; on finit par lui répondre : « Nous avons

(1) Loc. cit.

(2) Nous citons page 28 les paroles consacrées par Milne Edwards à V. Dessaignes, dans le discours qu'il fit à la distribution des récompenses aux Sociétés savantes, en novembre 1861.

« bien un M. Dessaignes, Receveur municipal, qui
« s'amuse à faire de la chimie, même qu'il in-
« commode bien souvent le quartier de ses
« odeurs. »

En 1869, la section de chimie de l'Institut présentait V. Dessaignes en première ligne pour la
place de correspondant. Il s'agissait de remplacer l'illustre inventeur de l'ozône, M. Schœnbein,
de Bâle. Dans la séance du 26 juillet, il était élu
par 35 voix sur 38 votants (1). Au sortir de cette
séance, M. Cahours, qui avait été rapporteur, et
Sainte-Claire Deville, écrivirent à la hâte à V.
Dessaignes, sur un même petit carré de papier
écolier, l'un au recto, l'autre au verso :

« Permettez-moi, mon cher Monsieur, de vous féliciter du succès si mérité que vous venez de remporter,
et d'agréer mes bien vifs regrets du retard qu'ont ap-

(1) Au 1ᵉʳ janvier 1885, les membres correspondants de
l'Institut (section de chimie : 9 membres) étaient :

MM.

1859	HOFFMANN (Auguste-Wilhelm), à Berlin ;
1866	MARIGNAC (Jean-Charles GALISSARD DE), à Ge- nève ;
1866	FRANKLAND (Edward), à Londres ;
1869	DESSAIGNES (Victor), à Vendôme ;
1873	WILLIAMS (Alexander Williams), à Londres ;
1879	LECOQ DE BOISBAUDRAN (Paul-Émile, dit Fran- çois), à Cognac ;
1880	CHANCEL (Gustave - Charles - Bonaventure), à Montpellier ;
1880	STAS (Jean-Servais), à Bruxelles :

. . . .

porté à son avénement des rapports de prix et de longues discussions, qui ont absorbé pendant deux mois les moments de l'Académie.

« Je vous serre bien affectueusement la main.

« Tout à vous et de tout cœur,

« A. Cahours. »

« *Lundi 26.*

« Cher ami,

« Vous êtes correspondant à une grande majorité, presque à l'unanimité. La section de chimie, par l'organe de Cahours, a fait un magnifique éloge de vos travaux, et je vous embrasse de tout cœur.

« H. Ste-Claire Deville. »

Victor Dessaignes, dont les fonctions de Receveur municipal étaient devenues fort absorbantes, abandonna à 66 ans ses travaux de laboratoire. Il n'en suivait pas moins avec passion les progrès accomplis chaque jour par les chimistes français et étrangers, car il avait eu le courage d'apprendre seul, à près de 60 ans, l'allemand et l'anglais, et ne laissait passer aucune publication périodique sans en prendre sa part.

L'invasion était arrivée. Victor Dessaignes ne voulut pas, quels que fussent ses droits à un repos mérité, abandonner ses fonctions de Receveur municipal. Il n'adressa sa démission au Maire de Vendôme qu'en 1871, après le départ de l'armée allemande.

Le conseil municipal, dans sa séance du 8 juillet, après avoir approuvé son dernier compte de gestion, vota la délibération suivante :

« Le conseil, considérant que M. Dessaignes,
« Receveur municipal de la ville de Vendôme, a
« rempli cette fonction pendant 31 ans, que son
« zèle et sa capacité ne se sont jamais démen-
« tis pendant ce long espace de temps, qu'il a
« rendu les plus grands services à la ville de
« Vendôme et à l'administration municipale, sur-
« tout au moment si critique de l'invasion prus-
« sienne, vote des remerciements à M. Dessai-
« gnes, et exprime le regret sincère de le voir
« abandonner le poste qu'il a occupé d'une ma-
« nière si remarquable. »

La même année, il quitta l'hôtel de Langey, et
vint se retirer dans sa maison, 30, rue des Bé-
guines.

C'est là qu'il écrivit, en 1881, la préface de l'ou-
vrage de philosophie laissé par son père. « Cette
« préface, dit M. le Dʳ Dufay (1), résumé ana-
« lytique de l'œuvre elle-même, est une merveille
« de clarté dans l'exposition et l'explication des
« phénomènes physiologiques et psychologi-
« ques. »

Un dernier hommage lui était réservé.

Le mardi 9 septembre 1884, quelques mois avant
sa mort, il vit, avec une émotion bien légitime,
les membres de la section de chimie du Congrès de l'Association Française, réunis à Blois,
venir lui rendre leurs hommages.

M. Friedel, de l'Institut, parlant au nom de
tous, rappela à V. Dessaignes à quelle hauteur ses

(1) Loc. cit.

travaux l'avaient placé dans l'estime des savants. Il lui remit en outre l'adresse suivante:

« Les membres de la section de chimie du Congrès de l'Association Française, réunis à Blois, ont l'honneur d'apporter à leur vénéré doyen Monsieur *Victor Dessaignes* l'hommage de leur respectueuse sympathie.

Ils sont heureux de saluer en lui le savant éminent, qui, par l'originalité de ses recherches, a puissamment contribué au progrès de la chimie moderne.

C. FRIEDEL,
de l'Institut

Louis HENRY,
Professeur de chimie à l'Université de Louvain

Edouard GRIMAUX,
Professeur à l'Ecole Polytechnique

G^ges^ WITZ,
Vice-président de la section de chimie du Congrès de Blois

A. HENNINGER,
Professeur agrégé à la Faculté de Médecine de Paris

ISTRATI,
Professeur à l'Ecole de Pharmacie de Bucharest (Roumanie)

W. OEchsner de Koninck,
Secrétaire général de la Société Chimique de Paris

Edouard CLAUDON,
Ingénieur des Arts & Manufactures

Alph. COMBES,
Ancien élève de l'Ecole Polytechnique.

Ed.-Ch. MORIN,
Préparateur à l'Ecole de Médecine

G. WILHELM,
Au laboratoire de chimie de la Sorbonne

A. SAGLIER,
Préparateur à la Faculté des Sciences

G. COUSIN,
Au laboratoire de chimie de la Sorbonne

A. DE SAPORTA,

PH. DE CLERMONT,
Conservateur des collections de chimie à l'Ecole Polytechnique

A. FIGUIER,
Chargé de cours à la Faculté de Médecine de Bordeaux.

Vers la fin de décembre, il dut s'aliter, atteint d'une bronchite, qui parut céder aux soins attentifs et dévoués dont il était entouré; mais, le 4 janvier 1885, à 8 heures du matin, il fut frappé d'une attaque d'apoplexie et mourut en quelques instants. Il avait 84 ans et cinq jours.

Jusqu'à la fin de sa vie, V. Dessaignes avait conservé son intelligence merveilleuse, et ses autres facultés s'étaient à peine ressenties des progrès de l'âge.

C'était, on a pu le voir, un homme de science pure, car nul ne fut plus modeste ni plus désintéressé.

Il était toujours heureux de céder aux Pasteur, aux Berthelot, aux Würtz, aux Cahours, les produits nouveaux, fruits de ses laborieuses recherches, que ceux-ci désiraient étudier à leur tour.

Qu'il nous soit permis de donner encore quelques lettres qui montrent, à la fois, quel était le désintéressement scientifique de V. Dessaignes, et la bienveillance avec laquelle il accueillait toute demande de renseignements ou de produits.

« Paris, le 30 août 1856.

« Mon cher Monsieur,

« Je ne sais en vérité comment vous remercier de l'obligeance toute aimable que vous avez mise dans l'envoi que vous m'avez fait. A peine vous avais-je adressé ma requête que je recevais votre charmante réponse. Pourvu que je tire quelque chose de passable de ce glycocolle, sans quoi je ne me pardonnerais pas de vous en avoir ainsi dépossédé. Je vous croyais professeur de chimie au collège de Vendôme, et c'est avec un grand étonnement que j'ai appris que vous faisiez de la science comme passe-temps à vos heures perdues. Permettez-moi de vous féliciter, Monsieur, car il n'est aucun de vos travaux que ne voulût avoir signé le chimiste le plus éminent.

« Bouis, que je viens de quitter à la porte de l'Ecole Polytechnique, où je suis en ce moment cloué par mes examens de sortie, me charge de le rappeler à votre souvenir.

« Agréez, je vous prie, mon cher Monsieur, avec mes sincères remerciements, l'expression de mes sentiments distingués.

« Votre tout dévoué,

« Aug. CAHOURS. »

« 23 septembre 1864.

« Monsieur et Collègue,

« Je vous remercie des détails que vous avez bien voulu me donner relativement à l'acide malonique. Je vois que la méthode par laquelle vous l'avez découvert exigeait une rare sagacité, car son exécution est assez difficile. Je connaissais le procédé de Müller, et c'est parce que je le trouvais peu fructueux que je m'étais adressé à vous. Je ne serais pas fâché d'ailleurs de comparer les échantillons des deux acides, et puis je veux essayer une réaction nouvelle. Je vous remercie de l'offre obligeante que vous voulez bien me faire de m'abandonner votre recherche ; mais je ne voudrais pas vous priver de ce travail. En outre, je commence à avoir moins de temps pour le laboratoire.

« Si vous pouvez m'envoyer l'échantillon de l'acide malonique, je vous en serai reconnaissant, pourvu qu'il ne soit pas destiné à vos travaux. Au cas où vous m'écririez de nouveau, veuillez me donner des nouvelles de M. d'Arlon, dont je n'ai pas entendu parler depuis près d'un an. J'espère qu'il est toujours en bonne santé.

« Veuillez, Monsieur, agréer l'assurance de ma considération très distinguée.

« BERTHELOT. »

On le voit, V. Dessaignes, à une demande de renseignements sur une méthode expérimentale, répondait invariablement par l'offre, sinon par l'envoi, du produit lui-même (1).

(1) Nous n'avons pas cru devoir conserver entre nos mains la collection des produits chimiques, fruits des découvertes de V. Dessaignes. Ils constituent des documents *historiques,* ainsi que les qualifiait Würtz. Ils ont été offerts par nous à M. le professeur A. Gautier, pour les collections de la Faculté de Médecine de Paris, et à M. le professeur Friedel, pour celles de la Sorbonne.

La Faculté de Médecine possédait déjà, dans ses collections, un certain nombre de produits offerts par V. Dessaignes à Würtz en 1867, et que nous avions été chargé de présenter alors au doyen de la Faculté.

Würtz avait remercié de suite V. Dessaignes :

FACULTÉ DE MÉDECINE   CABINET DU DOYEN

« Paris, le 30 novembre 1867.

« Cher Monsieur,

« Je vous rends mille grâces pour le précieux cadeau que vous m'adressez. Vos produits figureront avec d'autant plus d'honneur dans notre collection qu'ils ont une importance historique. J'ai appris avec regret que les progrès de l'âge ne vous permettaient plus de vous occuper de recherches scientifiques, mais vous êtes de ceux qui peuvent se reposer à bon droit.

. . . .

« En vous réitérant l'expression de ma reconnaissance, je vous prie, cher Monsieur, d'agréer l'hommage de mes sentiments les plus dévoués et les plus distingués.

« AD. WURTZ. »

P.-S. Je viens de déballer votre petite caisse, avec une joie qu'un chimiste seul peut concevoir. »

Il allait même, la lettre de M. Berthelot en donne la preuve, jusqu'à l'abandon de ses découvertes. Or cet acide malonique est, selon M. Berthelot, un des *termes les plus intéressants* des séries organiques.

Le 28 février 1885, M. le professeur A. Gautier nous adressait la lettre suivante :

« Paris, ce 23 février 1885.

« Monsieur et très cher Collègue,

« Je vous suis personnellement très obligé, et la Faculté avec moi, de l'envoi des échantillons et produits authentiques du laboratoire de votre très honoré et regretté père M. Dessaignes. Je crois qu'ils ne pouvaient être plus religieusement conservés à ceux qui nous suivront et plus utilement employés.

« Je me ferai un devoir de placer sur chacun des flacons votre double nom.

« Veuillez recevoir, cher collègue et ami, mes remerciements les plus cordiaux.

« Armand Gautier. »

Le 12 mars, M. le Doyen nous remerciait en ces termes :

Faculté de Médecine de Paris.

« Paris, le 12 mars 1885.

« Monsieur,

« M. le professeur A. Gautier me fait connaître le don que vous avez bien voulu faire au laboratoire de chimie médicale, de la collection de produits chimiques que possédait M. le docteur Dessaignes, votre père.

« Je vous en remercie, au nom de la Faculté, et je vous prie, Monsieur, d'agréer l'expression de mes sentiments les plus dévoués.

« *Le Doyen,*

« J. Béclard. »

Esprit chercheur, il avait une abondance d'idées originales et justes tout à la fois, que le temps seul ne lui a pas permis de jeter au creuset, et qu'il répandait généreusement au premier appel des débutants.

Il n'était pas moins détaché des avantages matériels de la vie, ne regrettant jamais la fortune que pour son impuissance à être aussi largement charitable qu'il l'eût souhaité.

En 1848, les finances de la ville de Vendôme étaient gênées. V. Dessaignes offrit au conseil

----

De son côté, M. le professeur Friedel nous écrivait le 10 mars 1885 :

« Monsieur le Docteur,

« Je serai très heureux de placer dans la collection de chimie organique de la Sorbonne, à côté des échantillons de produits préparés par M. Würtz et qui m'ont été donnés par sa famille, ceux qui proviennent des travaux de votre honoré père.

« Permettez-moi de vous exprimer toute ma reconnaissance pour ce don précieux.

« Je me félicite que le Congrès de Blois de l'Association Française m'ait fourni l'occasion d'aller, avec les autres membres de la section de chimie, présenter à M. Dessaignes l'hommage de notre respect et de notre admiration pour ses recherches poursuivies dans des circonstances en apparence si peu favorables. Je le fais d'autant plus, que c'est la seule occasion que j'aie eue de le voir, et qu'il nous a été enlevé malheureusement bien peu de temps après.

« Veuillez agréer, Monsieur le Docteur, l'assurance de mes sentiments bien distingués.

« FRIEDEL. »

municipal, qui accepta ce sacrifice, de lui retrancher une partie de son traitement. Le patriotisme chez lui parlait plus haut encore que l'amour de la science. Il reçut à ce propos du maire cette réponse :

« Vendôme, le 27 mars 1848.

« Monsieur,

« J'ai fait part au conseil municipal, dans sa séance de vendredi soir, de l'offre par vous faite de réduire d'un dixième les remises qui vous sont accordées, en votre qualité de receveur municipal, par l'ordonnance du 17 avril 1839.

« Le conseil a vu, avec raison, dans ce désintéressement, l'œuvre d'un bon citoyen et d'un homme bienfaisant ; il m'a chargé de vous en témoigner sa satisfaction et sa reconnaissance.

« C'est un devoir dont je m'acquitte avec plaisir.

« Agréez, Monsieur, l'assurance de ma considération très distinguée.

« Le Maire,

« BOURGOGNE. »

Il faudrait la plume autorisée d'un chimiste pour apprécier, comme ils le méritent, les travaux si originaux et si variés de V. Dessaignes.

Doué d'un excellent esprit philosophique, héritage paternel, il conduisait toutes ses recherches avec une sagacité, une sûreté de vue, une rectitude de jugement admirables.

Dans ces preuves expérimentales de la transformation des corps organiques, dans ces changements qu'il en obtenait à l'aide de moyens simples, on retrouve comme un écho des idées généralisatrices qui avaient inspiré à son père les expériences qui lui permettaient de démontrer, dès 1810, la transformation du mouvement en chaleur, de la chaleur en électricité, de l'électricité en lumière, etc.....

Durant sa belle carrière scientifique, V. Dessaignes fut plus d'une fois en correspondance avec les plus illustres chimistes de son temps, et les quelques lettres que nous avons publiées montrent bien en quelle estime ils tenaient le chimiste de province. M. Pasteur fit en 1850 le voyage de Vendôme, pour s'entretenir avec V. Dessaignes de la science pour laquelle ils avaient une égale passion. Il n'en a pas perdu le souvenir.

Interrogé par M. le Dr Dufay (1) : « Vous ne « sauriez craindre, — a répondu M. Pasteur, — « en parlant des travaux de M. Dessaignes, d'en « exagérer la valeur. C'était un chimiste d'un « rare mérite, aussi inventif qu'exact. Faites re- « marquer que tous ses travaux sont d'une ex- « quise distinction, qu'ils ont fait la joie des Du- « mas, des Balard, des Pelouze, avant d'aller ser- « vir de modèle aux plus jeunes. Permettez-moi « d'ajouter que j'ai eu le bonheur de visiter cet « homme éminent dans sa demeure de Ven- « dôme, et que je conserve de sa modestie, de « son obligeance, de sa douce philosophie, un « souvenir ineffaçable. »

(1) Loc. cit.

Dès 1861, Milne Edwards, alors président de l'Académie des Sciences, dans son *discours sur les progrès des Sciences dans les départements pendant la dernière période décennale,* discours prononcé le 25 novembre à la distribution des récompenses, avait porté sur V. Dessaignes un jugement que l'avenir s'est chargé de confirmer.

« ..... Mais les chimistes, disait-il, ne trouvent
« pas dans toutes les villes de France, même les
« plus riches et les plus éclairées, les puissan-
« tes ressources que Lille a généreusement four-
« nies à sa jeune Faculté des Sciences, et pour
« mieux montrer tout ce que peut accomplir un
« homme persévérant et doué de l'esprit d'inves-
« tigation, lors même qu'il est isolé et abandonné
« à ses propres ressources, je citerai les tra-
« vaux de M. Dessaignes, Receveur municipal de
« la petite ville de Vendôme. Sans le secours d'au-
« cun maître, et sans autre laboratoire que celui
« créé par lui-même dans sa modeste demeure,
« M. Dessaignes s'est livré à une longue suite
« de recherches difficiles et d'un haut intérêt sur
« la constitution de diverses substances organi-
« ques. Ses travaux ne sont pas très nombreux,
« mais ce sont autant de *perles* qui ne laissent
« rien à désirer, et qui portent le cachet d'un
« esprit fin, sage et élevé. L'année dernière,
« l'Académie, voulant témoigner toute l'estime que
« lui inspiraient les découvertes de ce chimiste
« habile, lui décerna un de ses prix, et il est à
« espérer que la santé délicate de M. Dessaignes
« ne l'empêchera pas de persévérer dans des
« travaux auxquels il ne demandait d'abord que

« l'oubli de ses chagrins, mais dont il a obtenu
« une célébrité qui grandira avec le temps. »

Après ce double éloge, nous nous bornerons à
citer les paroles prononcées, le 5 janvier 1885, par
M. Berthelot, à l'Académie des Sciences, à l'annonce de la mort de Victor Dessaignes, son ancien rival de gloire en 1860 (Prix Jecker) :

« Dessaignes, qui vient de s'éteindre dans un
âge avancé, occupe une place distinguée parmi
les chimistes français. Il n'est entré dans la science
qu'assez tard, en 1845, et il avait cessé de produire depuis vingt ans. Ses travaux laissent une
trace modeste, mais ineffaçable. Je demande à
l'Académie la permission de lui rappeler les principales découvertes de son correspondant.

« En 1845, Dessaignes observa le dédoublement de l'acide hippurique en acide benzoïque
et glycollamide, et, s'attachant à ce premier résultat, il réussit, en 1853, à opérer en sens inverse la synthèse de l'acide hippurique, qui joue
un rôle important dans l'économie des herbivo-
res. L'oxydation des acides tartrique et malique,
étudiée avec méthode à partir de 1850, le condui-
sit à découvrir deux acides nouveaux, les acides
tartronique et malonique, acides dont le dernier
est l'un des termes les plus intéressants des séries organiques.

« Il réussit également à reproduire l'acide aspartique au moyen du bimalate d'ammoniaque,
à changer l'acide malique en acide succinique
(1849), et l'acide tartrique en acide malique (1860),
réactions qui établissent des liens essentiels en-

tre plusieurs des acides fondamentaux de la végétation. Enfin il changea les acides tartrique et paratartrique en acide tartrique inactif, et réussit, en 1865, à revenir de l'acide tartrique inactif à l'acide paratartrique.

« On voit que les recherches de Dessaignes ont été principalement tournées vers l'étude des composés qui font partie des êtres vivants, et plus particulièrement vers celles des acides organiques et de leurs dérivés.

« L'Académie les honora en leur décernant, en 1860, le prix Jecker, et en nommant leur auteur correspondant, en 1869.

« Elles se distinguent par l'esprit de suite qui les a dirigées, par la finesse et la simplicité des déductions, et par la précision des résultats.

« Les travaux de cet ordre, s'ils ne sont pas tout dans la science, concourent cependant à lui fournir ses matériaux les plus durables, et ses fondements les plus solides. »

TRAVAUX

DE CHIMIE ORGANIQUE

DE

VICTOR DESSAIGNES

TRAVAUX

DE

CHIMIE ORGANIQUE

I

Nouvelles recherches sur l'acide hippurique, l'acide benzoïque et le sucre de gélatine. (Extrait d'une lettre de M. Dessaignes à M. Dumas [1].)

« .... L'acide hippurique a déjà été le sujet de bien des recherches ; néanmoins ses métamorphoses, déjà si intéressantes, laissaient quelque chose à glaner à ceux qui les étudieraient. Dissous dans l'acide chlorhydrique bouillant, l'acide hippurique, comme l'a vu M. Liebig, cristallise par le refroidissement, et sans altération ; mais, si l'on prolonge davantage l'ébullition, une demiheure environ, il en est tout autrement : il est décomposé, et donne, comme je m'en suis assuré, une quantité d'acide benzoïque égale, sauf une perte légère, à celle qu'indique la théorie. L'acide

(1) Comptes rendus de l'Académie des Sciences. T. XXI, p. 1224, 1ʳʳ décembre 1845.

benzoïque a été séparé sur un filtre, et la liqueur filtrée et évaporée a donné de longs cristaux prismatiques, acides, azotés, et dans la composition desquels l'acide chlorhydrique entre comme partie constituante. Ces cristaux ont été neutralisés par le carbonate de soude et le carbonate de plomb, et, après avoir écarté de la dissolution les chlorures sodique ou plombique, j'ai obtenu de nouveaux cristaux d'une matière très sucrée et azotée, neutre aux réactifs formant des combinaisons cristallines avec l'oxyde d'argent, avec les acides nitrique, sulfurique, oxalique. Je n'ai pas tardé à m'apercevoir que j'avais ainsi produit, par une métamorphose que l'on aurait pu prévoir, le sucre de gélatine découvert par M. Braconnot.

$$\text{En effet, de} \ldots \ldots \quad C^{18}\ H^{18}\ N^2\ O^6$$
$$\text{si l'on retranche} \ldots \quad \underline{C^{14}\ H^{12}\ \ O^4}$$
$$\text{on obtient} \ldots \quad C^4\ H^6\ N^2\ O^2 \quad (1)$$

auquel il suffit d'ajouter $1\frac{1}{2}$ équivalent d'eau pour obtenir le $\frac{1}{2}$ équivalent du sucre de gélatine, d'après MM. Mulder et Boussingault. Je serais plus porté à croire qu'au reste $C^4\ H^6\ N^2\ O^2$ il faut ajouter 2 équivalents d'eau, et que le véritable équivalent du sucre de gélatine est $C^4\ H^{10}\ N^2\ O^4$ comme l'a indiqué M. Gerhardt ; mais je n'ai pas encore de preuve à apporter en faveur de cette manière de voir.

« Toutes les réactions et les cristallisations très belles et très nettes que j'ai obtenues avec la

____

(1) $C = 150$, $H = 6,25$, $N = 175$.

matière sucrée et azotée provenant de l'acide hippurique, et que j'ai comparées aux réactions et aux cristallisations correspondantes du sucre de gélatine préparé avec la colle, m'ont convaincu de l'identité de ces deux corps ; mais je sens que, pour faire partager ma conviction aux chimistes, il faut analyser le sucre de l'acide hippurique, et c'est ce dont je vais m'occuper. La métamorphose qui donne naissance à ce corps est très nette ; il ne se dégage pas de gaz dans la réaction ; les deux seuls produits sont l'acide benzoïque et le chlorhydrate de sucre. Sur 100 d'acide hippurique sec j'ai obtenu :

$$
\begin{array}{lr}
\text{Acide benzoïque sec} \dots\dots\dots\dots\dots & 67{,}49 \\
\text{Chlorhydrate de sucre séché sur} & \\
\qquad \text{l'acide sulfurique} \dots\dots\dots & \underline{59{,}08} \\
& 126{,}57
\end{array}
$$

« L'acide nitrique, après vingt minutes d'ébullition, transforme l'acide hippurique en acide benzoïque, comme on le savait, et en nitrate de sucre ou acide nitrosaccharique, qui cristallise en magnifiques tables tronquées. L'acide nitrosaccharique préparé avec le sucre venant de la colle m'a donné absolument les mêmes cristaux. Je n'ai pas recueilli de gaz dans cette réaction.

« L'acide sulfurique, étendu de deux fois son volume d'eau, opère également la métamorphose de l'acide hippurique sans dégagement de gaz et sans que la liqueur se colore. On obtient de l'acide benzoïque très facile à purifier, et une combinaison d'où l'on peut facilement, par la craie ou le carbonate de plomb, retirer du sucre de gélatine.

« J'ai combiné équivalent à équivalent, l'acide sulfurique SO^3 H^2 O et le sucre que j'avais obtenu de l'acide hippurique, en donnant à ce dernier équivalent pour formule

$$C^4 \; H^{10} \; N^2 \; O^4,$$

et j'ai obtenu une dissolution qui a cristallisé en gros prismes d'un grand éclat et jusqu'à la dernière goutte.

« L'acide oxalique lui-même, bouilli pendant deux heures en dissolution très concentrée avec l'acide hippurique, le convertit en acide benzoïque et en oxalate de sucre qui cristallise en beaux prismes. Enfin un excès de potasse ou de soude, après une ébullition d'une demi-heure, décompose également l'acide hippurique en benzoate alcalin et en sucre, que j'ai obtenu sous forme de chlorhydrate, après avoir traité le mélange de benzoate et de sucre par l'acide chlorhydrique.

« Comme on le voit, l'acide hippurique ressemble, par ces réactions, aux acides amidés, en ce que l'ébullition avec les acides ou les alcalis lui restitue les éléments de l'eau, et le sépare en un acide et une base azotée qui remplace ici l'ammoniaque. Je dois dire que je n'ai pu encore combiner l'acide benzoïque et le sucre de gélatine, ni par conséquent reproduire l'acide hippurique en faisant perdre les éléments de l'eau au benzoate de sucre. Le sucre de gélatine se combine, comme on l'a vu, avec tous les acides forts, et forme des corps acides bien déterminés qui eux-mêmes se combinent aux oxydes métalliques, et donnent des sels analogues aux sels doubles d'urée, récemment étudiés par M. Werther. J'ai déjà préparé un certain nombre de ces sels, il me reste à les étudier et à les analyser. L'analogie évidente de l'urée et du sucre de gélatine fait sentir combien cette dernière dénomination est impropre : le sucre que j'ai obtenu, comme urée, a des réactions neutres ; néanmoins il se combine avec une grande facilité aux acides ; ces combinaisons, comme les sels à base alcaloïde, tendent à faire fonctions d'acides, et se combinent aux bases métalliques. Le sucre de gélatine a plus de stabilité que l'urée, il est néanmoins attaqué par l'action prolongée des acides. Je chercherai si l'on ne pourrait pas obtenir par ce moyen une transformation qui éclairât sur sa constitution. »

II

Observations de chimie organique, par MM. V. Dessaignes, docteur en médecine, et J. Chautard, interne à la Pharmacie centrale des Hôpitaux de Paris (1).

Huile essentielle de Matricaria parthenium

La *matricaria parthenium,* cultivée dans les jardins sous le nom de camomille, a été récoltée

(1) Journal de Pharmacie et de Chimie, 3ᵉ série, tome XIII, p. 241, avril 1848.

au moment de la floraison. On a distillé la moitié supérieure de la plante, tiges, feuilles et fleurs. On a recueilli une quantité médiocre d'une huile volatile verdâtre. L'essence, obtenue dans l'été sec et chaud de 1846, s'est remplie, du jour au lendemain, de grandes lames cristallines de stéaroptène. Aucune trace de stéaroptène ne s'était montrée dans l'huile distillée en 1845. On a réuni le produit des deux années, et on l'a soumis à un froid de 4° à 5°, qui a fait paraître de nombreux cristaux. Le stéaroptène séparé de l'huile a été fortement pressé dans du papier, puis abandonné à l'air pendant plusieurs jours. La masse, d'abord homogène et comme cornée, lorsqu'elle a été ainsi privée d'huile, est devenue grenue, facile à diviser, et a pris un aspect cristallin. Le stéaroptène purifié exhale une odeur forte et pure de camphre. Soumis dans un tube à la chaleur d'un bain d'huile, il a fondu à 175°. L'ébullition a commencé à 204°, et le thermomètre plongé dans le stéaroptène est resté stationnaire jusqu'à la fin de l'expérience, tandis qu'un thermomètre plongé dans l'huile s'est élevé au delà de 215°. On a analysé ce stéaroptène par l'oxyde de cuivre.

622^m de matière ont donné $CO_2 = 1796^m,5$ et $H_2O = 598,5,$

		Trouvé		Calculé
d'où	C....	78,76	C....	78,94
	H....	10,69	H....	10,53
			O....	10,53
				100,00

C'est donc le camphre des laurinées, camphre dont Proust avait signalé la présence dans plusieurs huiles volatiles des labiées, qui existe ici dans une plante de la famille des composées.

L'huile de matricaire, séparée du camphre par les opérations précédentes, a été séchée sur le chlorure calcique et analysée :

379^m de matière ont donné $CO_2 = 1078^m$; $H_2O = 554^m$, d'où

$$C.\ldots\ 77,60$$
$$H.\ldots\ 10,37$$

De l'huile récoltée en 1847, et qui avait laissé spontanément déposer une petite quantité de camphre, a été séchée sur le chlorure calcique et a donné :

100^m de matière $CO_2 = 1143,5$; $H_2O = 382$; d'où

$$C.\ldots\ 77,96$$
$$H.\ldots\ 10,60$$

L'huile de matricaire n'est évidemment qu'un mélange. Même celle qui a été refroidie contient encore une quantité considérable de camphre. Chauffée, elle a commencé à bouillir vers 160° ; le thermomètre s'est élevé rapidement à 205°. La plus forte partie de l'huile a distillé de 205° à 220°, en laissant un résidu coloré. La dernière moitié du produit qui avait été recueilli de 212° à 220° a laissé déposer, par le refroidissement, une grande quantité de camphre que l'on a séparé. L'huile a été distillée plusieurs fois sur de la chaux vive en fractionnant les produits.

On n'a pas obtenu d'huile dont le point d'ébullition fût constant. Toutes les portions recueillies entre 200° et 220° ont toujours donné du camphre par le refroidissement, et quelquefois en telle quantité, que le produit de la distillation se prenait en masse molle dans la cornue. Nous citerons quelques-unes de nos analyses. L'huile recueillie entre 160° et 168° par une distillation lente a donné :

Matière 431^m : $CO_2 = 1366,5$; $H_2O = 449,5$; d'où

$$C.... \quad 86,46$$
$$H.... \quad 11,58$$

L'huile obtenue de 170° à 180° a donné :

Matière 403,5 : $CO_2 = 1269$: $H_2O = 407,5$; d'où

$$C.... \quad 85,77$$
$$H.... \quad 11,22$$

Les huiles qui ont passé de 210° à 216°, et de 216° à 220°, ont donné :

La première : matière 563 : $CO_2 = 1590$; $H_2O = 519$
La seconde : matière 437 : $CO_2 = 1232,5$; $H_2O = 408$

d'où   1° C....   77,02   2° C....   76,92
       H....   10,24   H....   10,37

L'huile volatile de *matricaria parthenium* contient très probablement, outre le camphre, un hydrogène carboné de la formule $C^5 H^8$, et une huile plus oxydée que le camphre.

Malate de chaux neutre

En préparant l'acide malique par l'excellente méthode que M. Liebig a fait connaître, l'un de nous avait abandonné, sous une couche d'eau, environ cent grammes de malate de chaux neutre grenu, qu'il venait de laver. Au bout de deux

jours, ce malate était en majeure partie transformé en cristaux globuleux, d'au moins un mil-
limètre de diamètre, hérissé d'aspérités, demi-
transparents à l'état d'humidité, blancs et opaques quand ils ont été séchés. Ce changement de
forme provient d'une hydratation du malate de
chaux. En effet, 898^m séchés à l'air ont été soumis à une chaleur de 150°, puis de 200°, mais
probablement pas assez longtemps. Ils ont perdu
202^m d'eau ou 22,49 pour 100. La même matière
a donné : sulfate calcique 534^m, ou chaux 24,48
pour 100. 334^m séchés à l'air, puis calcinés, ont
donné : carbonate calcique 147^m ou chaux 24,64
pour 100. La formule $C^8 H^8 O^8$, 2 Ca O $+$ 6 aq
donne Ca O = 24,77 et H^2 O = 23,88.

Le même malate a été séché à 100° dans un
courant d'air jusqu'à ce qu'il ne perdît plus rien.

868^m ont donné Co^2 Ca O = 480 ^{m}, d'où : chaux
pour 100 = 30,96. La formule $C^8 H^8 O^8$, 2 Ca O
$+$ aq donne : chaux = 31,93.

Nous devons dire qu'ayant voulu préparer le
même malate l'année suivante, nous n'avons rien
obtenu, sans doute parce que nous avions omis
de remarquer sous l'influence de quelle température la transformation s'était opérée.

Valéramide

Un de nous, qui avait eu l'occasion de préparer une petite quantité d'éther valérianique, a
cherché à obtenir la valéramide, qui, à notre connaissance, n'a pas encore été décrite.

L'éther valérianique a été renfermé dans un flacon avec sept à huit volumes d'ammoniaque concentrée. La réaction est lente ; il a fallu quatre mois d'été, et agiter le mélange assez souvent pour l'accomplir. Quand l'éther a eu disparu, on a évaporé à une douce chaleur, et on a obtenu de grands feuillets cristallins, minces et brillants. La valéramide est très soluble dans l'eau. Elle fond au-dessus de 100°, et presque à la même température, elle se sublime, sous formes de lames très légères et irisées, dont partie se condense sur les parois du tube, et partie vole, enlevée par le courant d'air.

Sa dissolution est neutre aux papiers réactifs, le chlorure platinique n'y produit pas de précipité, et la potasse n'en dégage pas d'ammoniaque. Ce n'est qu'à l'aide de l'ébullition et d'un alcali caustique qu'elle exhale une faible odeur ammoniacale.

616^m de matière ont donné $CO^2 = 1356,5$ et $H^2 O = 607^m$

		Trouvé		Calculé
Ce qui fait	C....	60,05	C^{10}..	59,11
	H....	10,94	H^{22}..	10,89
			N^2...	13,86
			O^2...	15.84
				100,00

Acide butyrique

L'un de nous a signalé la présence de cet acide dans l'eau qui baigne le tan qui a séjourné longtemps sur les peaux. Nous aurions voulu l'analyser ; mais la quantité qui nous en restait était trop faible pour être purifiée et séchée complètement. La plus grande partie du liquide a distillé à 140°; une petite portion seulement a bouilli à 160° et au delà.

Nous avons saturé l'acide par l'ammoniaque, précipité par le nitrate argentique, lavé avec soin et séché le sel d'argent dans le vide sec.

991^m calcinés dans un creuset de porcelaine ont laissé 531 milligr. d'argent, ou 53,58 pour 100.

Les eaux de lavage avaient dissous une grande partie du sel ; on les a concentrées, et l'on a obtenu par le refroidissement un sel blanc en cristaux grenus. Ce sel, lavé et séché, a été calciné. 871^m ont donné 491 milligr. d'argent, ou 56, 35 pour 100. Il se pourrait donc que l'acide de la tannée contînt de l'acide valérianique et de l'acide métacélique mélangés en quantité variable.

Asparagine

L'asparagine n'existe pas seulement dans les tiges étiolées de la vesce. Nous l'avons rencontrée dans le suc de tiges étiolées provenant de pois, de haricots, de fèves, de lentilles, semés dans une cave, et il est probable qu'on la trouvera dans beaucoup d'autres plantes de la famille des légumineuses. Neuf litres 3/4 de jus de pois étiolés, dont les tiges avaient environ 50 centimètres de longueur, ont donné, par des concentrations successives, de l'asparagine très peu colorée, très facile à purifier, et qui pesait, après purification, 83 grammes. On l'a analysée par l'oxyde de cuivre et le chlorate potassique.

647^m de matière ont donné $CO^2 = 778^m$; $H^2O = 380^m$;

		Calculé	Trouvé
Ce qui fait	C^8	32,07	32,53
	H^{20}	6,66	6,52
	N^4	18,61	
	O^8	42,66	
		100,00	

Elle a été seulement séchée sur l'acide sulfurique. Mêlée en poudre à de l'oxyde un peu chaud, quoique rapidement, elle a dû perdre une minime quantité d'eau. La même remarque s'appliquera aux analyses suivantes, et nous ajouterons que moins l'oxyde a été chaud, plus l'hydrogène a été fort et le carbone faible.

2.350 litres de jus de fèves étiolées ont produit 33 grammes d'asparagine, qui, analysée, a donné :

1^v matière 755^m : $CO^2 = 894^m5$; l'eau a été perdue.

2^v matière 756^m : $CO^2 = 887^m$; $H^2 O = 459^m$;

		Trouvé		Trouvé
Ce qui fait	$1°$ C	32,31	$2°$ C	31,99
	H	»	H	6,74

1.350 litres de jus de haricots poussés dans une cave ont donné 7 gr. 40 d'asparagine pure.

588^m de matière ont donné $CO^2 = 700^m,5$ et $H^2 O = 352^m$.

		Trouvé
Ce qui fait	C	32,48
	H	6,65

Nous avons aussi semé de la vesce pour préparer de l'asparagine. 7 litres 1/4 de suc ont donné 67 grammes d'asparagine pure. Un décalitre de bonne graine en a produit 409 grammes. On a fait germer et pousser, dans un lieu obscur, des vesces semées sur du chanvre étendu sur une planche et maintenu humide avec de l'eau ordinaire. Les tiges seules ont donné 3 litres de jus, qui ont produit 27 grammes d'asparagine. Comme on le voit, les vesces ont produit à peu près autant d'asparagine dans cette circonstance que si elles avaient végété dans la terre.

Les racines avaient traversé le chanvre, et il a été facile de les séparer. Leur suc a produit autant d'asparagine proportionnellement que le suc extrait des tiges. Les cotylédons étaient encore renfermés dans la semence ; nous en avons séparé avec soin les tiges et les racines, et nous y avons recherché l'asparagine, mais sans en trouver, même en employant l'alcool.

Des tubercules de dahlia abandonnés à l'entrée d'une cave pendant l'été ont poussé de longues tiges étiolées. L'un de nous eut l'idée de rechercher l'asparagine dans le jus fourni par ces tiges. Des cristaux en petite quantité se sont formés après plusieurs jours dans le jus rapproché en consistance de sirop. D'un autre côté, des tubercules ont été écrasés et soumis à la presse. Il en est sorti un suc blanchâtre qui, après un heure de repos, s'est presque pris en masse. On l'a délayé avec de l'eau, on a filtré. Il est resté sur le filtre une grande quantité d'inuline. La liqueur filtrée a été évaporée, elle s'est prise par le refroidissement en une masse d'apparence cristalline, mais molle au toucher. On l'a traitée par l'alcool ordinaire bouillant, qui, en se refroidissant, a abandonné de l'asparagine facile à purifier. Les cristaux provenant de ces deux sources ont été purifiés ensemble. Leur analyse a donné :

$$\text{Matière } 689^m,5 ; \quad CO^2 = 813^m ; \quad H^2 O = 412^m$$

		Trouvé
Ce qui fait	C	32,15
	H	6,64

Les tiges étiolées de la guimauve, lorsque l'on reprend leur extrait par l'alcool bouillant, fournissent également de l'asparagine, mais nous n'en avons pas trouvé dans le suc des tiges étiolées de pommes de terre. Nous avons fait végéter dans la cave et dans la même terre où nous avions semé les pois, les vesces et les haricots, des semences de citrouille, de sarrazin et d'avoine. Le jus extrait de ces diverses plantes étiolées ne nous a pas fourni une trace d'asparagine ; mais il a produit une abondante cristallisation de nitrate potassique. Il en a été de même du suc des tiges de pommes de terre. Nous nous sommes assurés que la terre de la cave qui servait à nos essais contenait des nitrates, et surtout du nitrate calcique. Le jus des tiges de haricots, dont le rendement en asparagine avait été faible, contenait en même temps une notable quantité de nitre ; à cette exception près, les plantes dans lesquelles nous avons trouvé l'asparagine ne nous ont pas présenté d'indice de l'existence du nitrate potassique dans leurs tiges. Le jus des vesces évaporé dépose, avant la cristallisation de l'asparagine, une poudre cristalline presque blanche, qui consiste surtout en phosphate calcique, et par la putréfaction il s'y forme de nombreux cristaux de phosphate ammoniaco - magnésien ; lorsque, par la concentration du jus non altéré, il s'est dépouillé presque entièrement d'asparagine, il s'y développe à la longue de nouveaux cristaux qui sont du sulfate potassique.

La notable quantité d'asparagine que nous avions préparée dans le cours des recherches précédentes nous a permis de nous livrer à quelques essais encore incomplets, mais que l'un de nous se propose de continuer.

Une solution bouillante d'asparagine dissout très bien l'oxyde d'argent. La solution filtrée, qui est incolore, a été évaporée sur l'acide sulfurique et dans l'obscurité. Elle a produit des cristaux agglomérés en forme de champignons presque noirs par reflexion et bruns jaunes par transparence. Séchés dans le vide sec, puis calcinés dans un creuset de porcelaine, ils ont donné: matière 378^m, argent 173. D'où $AgO = 48,94$ pour cent. Le calcul de la formule $C^8 H^{14} N^4 O^5 + AgO$ donne $AgO = 48,53$.

L'asparagine, à la chaleur de l'ébullition, chasse l'acide acétique d'une solution aqueuse d'acétate plombique, le déplacement est lent. Par l'évapotion sur l'acide sulfurique, on a obtenu une masse gommeuse, incolore, qui a refusé de cristalliser et qu'il a été très difficile de sécher à 100°.

L'oxyde mercurique se dissout facilement dans une solution chaude d'asparagine. La dissolution est sans couleur ; lorsqu'elle est concentrée, l'eau y produit un précipité blanc.

Elle se dessèche en une masse gommeuse. On a voulu la sécher à 100° degrés pour l'analyser ; mais elle a pris une couleur grise foncée en se boursoufflant. Dans cet état elle ne se redissout plus intégralement dans l'eau, il reste un abondant dépôt gris qui, humecté d'acide chrorhydrique, blanchit une lame d'or par le frottement.

L'oxyde de zinc se dissout également dans une solution bouillante d'asparagine. Par le refroidissement il se forme des cristaux blancs lamelleux. On les a séchés à 100°, ils n'ont pas perdu une quantité appréciable d'eau. 433^m matière ont été dissous dans l'eau acidulée par l'acide chlorhydrique. On a précipité par le carbonate sodique ; le précipité bien lavé et calciné pesait 109^m ou 25,17 pour 100. La formule $C^8 H^{14} N^4 O^5 + ZnO$ donne $ZnO = 24,77$.

Malgré sa neutralité aux papiers réactifs, l'asparagine se comporte donc comme un acide faible ; mais on aurait sans doute tort de la considérer comme un acide. Semblable en cela à d'autres corps azotés neutres, l'urée, le sucre de gélatine, par exemple, elle se combine également aux acides et aux bases.

Des poids d'asparagine et de nitrate d'argent représentés par la formule $C^8 H^{20} N^4 O^8 + N^2 O^5 AgO$ ont été dissous ensemble. La solution évaporée sur l'acide sulfurique et dans l'obscurité a fourni sur les bords de la capsule une cristallisation très élégante et semblable à un lichen à rameaux fins et très divisés. Au fond étaient de nombreux cristaux d'asparagine pure. Les cristaux rameux, pressés dans du papier, puis séchés sur l'acide sulfurique et calcinés, ont laissé 41,33 pour 100 d'argent. Il est évident qu'ils retenaient, malgré la pression, une eau mère contenant de l'asparagine en excès. Dans une autre préparation, on n'a dissous, avec le nitrate argentique, que la quantité d'asparagine représentée par la formule $C^4 H^{10} N^2 O^4$. La solution, plus concentrée que la précédente, a déposé par le refroidissement des disques composés de cristaux très fins, pressés les uns contre les autres. On les a séchés à 100° sans perte d'eau notable. 956^m matière ont donné argent 437^m, ou pour 100, 45,71. Dans une troisième préparation, les cristaux ont donné 45,78 d'argent. Repris par l'eau et cristallisés par refroidissement, ils ont repris la même forme. Séchés à 100°, 680^m ont donné 308^m argent, ou 45,29 pour 100. La formule qui correspond à ces nombres est $C^8 H^{16} N^4 O^6 + (N^2 O^5, Ag O)^2$.

Le nitrate plombique et un poids d'asparagine représenté par $C^4 H^{10} N^2 O^4$ ont été dissous ensemble, mais par l'évaporation on n'a obtenu qu'une masse gommeuse qui a refusé de cristalliser. On a dissous dans un équivalent d'acide sulfurique, que l'on a affaibli avec de l'eau et chauffé légèrement, un équivalent d'asparagine $= C^8 H^{20} N^4 O^8$, et l'on a abandonné le tout sur l'acide sulfurique. Il a d'abord cristallisé une notable quantité de gros cristaux, qui étaient de l'asparagine pure ; le reste s'est pris à la longue en une masse incolore, solide, non cristalline. Par le carbonate de baryte, elle a été décomposée en asparagine non altérée et sulfate barytique.

Nous n'avons pas non plus obtenu de combinaison cristalline en dissolvant de l'asparagine représentée en poids par $C^4 H^{10} N^2 O^4$ dans de l'acide chlorhydrique représenté par $H^2 Cl^2$, plus de l'eau, et abandonnant la dissolution sur de la chaux vive. Le tout s'est réduit en une masse gommeuse presque solide d'un goût acide agréable qui contenait une minime quantité de sel ammoniac et sans doute d'acide aspartique. Tout le reste a été décomposé par le carbonate sodique en sel marin et en asparagine.

Nous avons réussi à obtenir une combinaison cristallisée d'asparagine et d'acide oxalique. Nous avons pesé avec beaucoup de soin et dissous ensemble, d'une part 787^m,5 d'acide oxalique cristallisé $= C^2 H^2 O^4 + H^4 O^2$ et 937^m,5 d'asparagine cristallisée $= C^4 H^{10} N^2 O^4$; d'autre part 787^m,5 d'acide oxalique et 1875 d'asparagine.

On a évaporé lentement les deux mélanges. Dans le second il s'est formé deux sortes de cristaux. Au fond de la capsule étaient de gros cristaux d'asparagine non combinée ; les autres cristaux, très petits quoique visibles, très serrés, formant une masse blanche, avaient grimpé aux bords. Ces derniers ont été décomposés par de la craie. Par l'évaporation de la liqueur filtrée on a obtenu une quantité d'asparagine qui paraissait égale à celle qui ne s'était pas combinée. Le premier mélange, qui contenait une quantité de matière représentée par la formule $C^2\ H^6\ O^6 + C^4\ H^{10}\ N^2\ O^4$, ne présentait qu'une masse homogène de très petits cristaux agglomérés. On l'a mis dans le vide sec jusqu'à ce qu'un séjour de 24 heures n'eût pas fait varier son poids. On l'a alors pesé ; de 1725 milligrammes il s'était réduit à 1388 milligrammes. La perte est de 337^m, qui représente trois équivalents d'eau. La formule de l'oxalate d'asparagine est donc $C^2\ H^2\ O^4 + C^4\ H^8\ N^2\ O^3$. L'oxalate d'asparagine séché à 100° n'y perd rien de son poids. On a pris sur les bords de la capsule 403^m de l'oxalate précédent. Si la combinaison n'avait pas lieu, ou si elle n'avait pas lieu conformément à la formule $C^2\ H^2\ O^4 + C^4\ H^8\ N^2\ O^3$, on devrait ainsi opérer sur une matière non homogène.

On a neutralisé par l'ammoniaque, précipité par le chlorure calcique. L'oxalate de chaux lavé et calciné avec les précautions voulues, a laissé 228^m de carbonate calcique ; on a donc $C^2\ H^2\ O^4$ = 40,47 pour cent ; le calcul indique $C^2\ H^2\ O^4$ = 40,54.

Il semble, d'après les résultats qui précèdent, que l'équivalent de l'asparagine doit être diminué de moitié ; dans cette manière de voir, on représenterait ainsi qu'il suit les combinaisons de ce corps :

Asparagine cristallisée.........	$C^4\ H^8\ N^2\ O^3 + H^2\ O$
— séchée à 100°.......	$C^4\ H^8\ N^2\ O^3$
— et potasse..........	$C^4\ H^8\ N^2\ O^3 + C^4\ H^6\ N^2\ O^2,\ Ko$
— et oxyde cuivrique.	$C^4\ H^8\ N^2\ O^3 + C^4\ H^6\ N^2\ O^2,\ CuO$
— et oxyde argentique	$C^4\ H^8\ N^2\ O^3 + C^4\ H^6\ N^2\ O^2,\ AgO$
— et oxyde zincique..	$C^4\ H^8\ N^2\ O^3 + C^4\ H^6\ N^2\ O^2,\ ZnO$
Nitrate d'asparagine argentique	$N^2\ O^5,\ AgO,\ C^4\ H^8\ N^2\ O^3$
Oxalate d'asparagine..........	$C^2\ H^2\ O^4,\ C^4\ H^8\ N^2\ O^3$

Nous terminerons en mentionnant simplement deux réactions que l'un de nous se propose d'étudier ultérieurement. Le chlore même, à la lumière diffuse, décompose facilement l'asparagine. L'oxyde puce de plomb l'attaque également à la faveur de l'ébullition et en chasse l'ammoniaque. Il ne se forme pas d'acide aspartique.

III

Note sur la conversion du malate de chaux en acide succinique, par M. DESSAIGNES (1).

L'asparagine, comme nous l'a appris M. Piria, peut être considérée comme l'amide de l'acide malique. Quand elle est impure et en solution aqueuse, elle ne tarde pas à fermenter, et se convertit ainsi en succinate d'ammoniaque. J'ai pensé que, si l'acide malique ou l'un de ses sels étaient susceptibles d'éprouver le même genre de fermentation, les rapports découverts par M. Piria, entre l'asparagine et l'acide malique, en recevraient une plus complète démonstration.

Le malate de chaux neutre, tel qu'on l'obtient des baies de sorbier, par le procédé de M. Liebig, a été abandonné sous une couche d'eau un peu haute et dans un vase couvert d'un simple

(1) Journal de Pharmacie et de Chimie, 3ᵉ série. T. XV, p. 264, avril 1849.

papier; c'était à l'automne de 1847. Au bout de trois mois, l'eau surnageante était en partie remplie d'une production mucilagineuse et sans doute organisée. Dans cette production et sur les parois du vase, on voyait une abondance de beaux cristaux de carbonate de chaux hydraté. L'eau filtrée précipitait faiblement par l'acétate plombique. La formation du carbonate de chaux et du mucilage s'est arrêtée, et à mesure que la température se relevait, c'est-à-dire pendant le printemps et l'été de cette année, j'ai vu, au-dessus du malate calcique, qui diminuait insensiblement, se produire une couche composée de cristaux prismatiques très fins et serrés; cette couche était soulevée par quelques grosses bulles de gaz qui étaient sorties du malate de chaux.

Cette masse de cristaux a été dissoute dans l'eau chaude, précipitée par le carbonate sodique et filtrée. J'ai obtenu ainsi une dissolution très peu colorée, qui précipitait l'acétate de plomb, le nitrate d'argent, le chlorure ferrique neutre et le chlorure barytique additionné d'alcool et d'ammoniaque. La liqueur a été concentrée, traitée par l'acide chlorhydrique en faible excès, évaporée à siccité, et le résidu traité à plusieurs reprises par l'éther bouillant. La solution éthérée, par l'évaporation spontanée, a laissé de beaux prismes incolores d'un acide volatil sans décomposition, brûlant avec flamme et sans résidu sur la lame de platine; en un mot de l'acide succinique.

En effet, le sel d'argent, bien lavé et séché à 100 degrés, a été calciné, et a donné, pour $0^{gr},624$

de matière, $0^{gr},405$ d'argent, ou, pour 100, 64,80 ; le calcul donne 65,06.

L'acide, purifié par une dissolution dans l'eau et séché à 100 degrés a été brûlé avec de l'oxyde de cuivre.

I. — $0^{gr},253,5$ d'acide ont donné 0,120 d'eau et 0,380 d'acide carbonique.

II. — $0^{gr}452,5$ d'acide ont donné 0,213 d'eau. L'acide carbonique a été perdu.

On a donc :

	Trouvé		Calculé
	I	II	
C.....	40,88	»	40,68
H.....	5,25	5,23	5,08
O.....	»	»	54,24
			100,00

L'acide succinique représente une partie notable du poids du malate de chaux soumis à la fermentation. Dans une autre expérience, que j'abrègerai, sans doute, en maintenant autour du vase une température de 30 à 35 degrés, je compte déterminer approximativement la quantité d'acide succinique que l'on peut obtenir d'un poids donné de malate calcique.

L'asparagine paraît exister dans les jeunes pousses des plantes qui composent la nombreuse famille des Légumineuses. Je n'ai pas fait germer de graines appartenant à cette famille, qui ne m'en aient fourni en abondance. Je citerai les fèves, les haricots, les lentilles, les pois, le trèfle, la luzerne, le sainfoin, le cytise faux-ébénier. Quel est le principe commun à toutes ces grai-

nes, et qui se métamorphose en asparagine, dans
l'acte de germination ? Est-ce la légumine ? C'est
une question que je m'efforcerai de résoudre au
printemps prochain.

IV

Formation de l'acide succinique par l'oxydation de l'acide butyrique. (Extrait d'une note de M. DESSAIGNES.) (1)

« Dans son *Précis de Chimie organique*,
M. Gerhardt a fait observer que, parallèlement à
la série des acides gras monobasiques dont la
formule générale est $C^m H^m O^4$, on peut con-
struire une série d'acides bibasiques dont la formule générale s'exprime par $C^m H^{m2} O^8$. Presque tous les acides de ces deux séries parallèles se produisent simultanément, quand on oxyde
par l'acide nitrique les corps gras dont l'équivalent est élevé ; et l'on peut concevoir que chaque terme de la série bibasique soit formé par
une simple oxydation du terme qui lui correspond dans la série monobasique : mais, si l'on
excepte les acides acétique et oxalique, il reste
à démontrer expérimentalement la possibilité de
cette transformation.

« A l'acide butyrique, dans la série des acides

(1) Comptes rendus des séances de l'Académie des Sciences. T. XXX, p. 50, 21 janvier 1850.

gras, correspond l'acide succinique dans l'autre série. Je suis parvenu, en effet, à produire le second de ces acides par l'oxydation du premier. Dans un appareil composé d'une cornue, d'un long tube servant d'allonge et d'un récipient, pièces usées l'une sur l'autre à l'émeri et ajustées sans liège, j'ai chauffé environ 30 grammes d'acide butyrique bien pur et préparé par la fermentation de la chair et de la fécule, avec le double de son volume d'acide nitrique dont la densité était de 1,40. L'appareil était incliné de telle sorte, que les vapeurs condensées de l'acide butyrique retombaient incessamment dans la cornue, et de l'acide nitrique était ajouté de temps à autre. Quoique le mélange fût continuellement surmonté d'une atmosphère rouge de gaz nitreux, l'action a été très lente, et elle était loin d'être complète au bout de dix jours de vingt-quatre heures chacun. Ne voyant pas la fin des vapeurs rouges, j'ai distillé avec précaution la liqueur, jusqu'à ce que j'aie obtenu un résidu cristallin. Ce résidu était souillé d'une matière attirant l'humidité de l'air, et dont je n'ai pu le dépouiller par la chaleur prolongée du bain-marie. Je l'ai fortement pressé dans du papier, et je l'ai obtenu ainsi assez pur pour le soumettre à quelques essais. Il m'a été facile de reconnaître que ces cristaux présentent tous les caractères physiques et toutes les réactions de l'acide succinique. Je n'avais pas assez de matière pour la purifier complètement et en tenter l'analyse directe, mais j'ai préparé et calciné le sel d'argent qui m'a semblé offrir plus de garanties de pureté. 0^{gr} 471 de sel ont laissé 0^{gr} 303 d'argent ; ce qui donne, sur 100 parties, 64,33 d'argent : le calcul indique 65,05. »

V

Formation de l'acide aspartique avec le bimalate d'ammoniaque. (Extrait d'une note de M. DESSAIGNES.) (1)

« On doit à M. Piria la connaissance de ce fait intéressant, que l'asparagine et l'acide aspartique soumis à l'action oxydante du gaz nitreux dégagent de l'azote et laissent un résidu d'acide malique. Il a ainsi démontré, par la voie analytique, que ces deux corps peuvent être considérés comme des amides de l'acide malique, correspondant, par exemple, à l'oxamide et à l'acide oxamique. S'il en est ainsi, on doit pouvoir, par la synthèse, reproduire l'asparagine et l'acide aspartique. L'action de l'ammoniaque sur l'éther malique, quand on aura pu préparer cet éther, devra donner naissance à l'asparagine. Je n'ai pas été plus heureux que mes devanciers dans mes tentatives pour obtenir l'éther malique ; mais j'ai réussi à préparer l'acide aspartique avec le bimalate d'ammoniaque.

« Quand on chauffe ce sel de 160 à 200 de-

(1) Comptes rendus de l'Académie des Sciences. T. XXX, p. 324. 18 mars 1850.

grés, au bain d'huile, il fond et dégage, en se boursouflant, de l'eau très peu ammoniacale. Le résidu est une masse rougeâtre, transparente, comme résineuse, qui ne se dissout qu'en très petite quantité dans l'eau même bouillante. Par des lavages répétés à l'eau chaude, on obtient une matière pulvérulente, amorphe, ayant une couleur de brique pâle, et une saveur terreuse. C'est un nouvel acide azoté qui diffère de l'acide aspartique par toutes ses réactions. Ce corps est très stable. Il se dissout à chaud dans les acides concentrés, d'où une addition d'eau le précipite sans altération, même après une ébullition de quelques instants. Mais si on le chauffe cinq à six heures avec l'acide nitrique ou l'acide chlorhydrique, il subit une transformation remarquable. On s'aperçoit que la réaction est terminée quand l'eau, ajoutée à la solution acide, n'en précipite plus rien. La solution évaporée à sec, au bain-marie, a laissé un résidu brun, cristallin et très acide, qui est une combinaison d'acide chlorhydrique et d'une matière organique. Cette combinaison est facile à purifier par le charbon, et on l'obtient en beaux cristaux incolores. On l'a dissoute à chaud dans une assez grande quantité d'eau, et la solution a été divisée en deux parties égales, dont l'une a été saturée exactement par l'ammoniaque, puis ajoutée à l'autre partie. Par le refroidissement, il s'est formé une quantité de petits prismes brillants qui sont de l'acide aspartique. Cet acide ne se présente pas sous la même forme cristalline que l'acide aspartique tiré de l'asparagine; mais les sels qu'il forme avec la chaux, la soude et les oxydes de cuivre et d'argent, cristallisent sous la même forme que les aspartates correspondants, et je me suis assuré, par l'analyse, qu'ils renferment la même quantité de base. J'ai aussi soumis à l'analyse immédiate l'acide isolé, et j'ai obtenu les mêmes nombres que ceux obtenus par la combinaison de l'acide aspartique. »

Quelques mois après la publication de ce travail, M. Pasteur écrivait à V. Dessaignes :

« Monsieur,

« J'ai lu, il y a quelques jours, dans les Comptes rendus, vos recherches intéressantes sur la production de l'acide succinique par fermentation, et sur la transformation de l'acide malique et de ses dérivés en acide aspartique. Vous verrez, Monsieur, par les Comptes rendus de lundi dernier, que je me suis occupé de la série aspartique, mais à un point de vue particulier. Mon travail complet paraîtra bientôt dans les Annales de Chimie et de Physique. J'ai des raisons de croire que l'acide aspartique que vous obtenez avec l'acide fumarique n'est point identique avec l'acide que donne l'asparagine par les moyens ordinaires, et qu'il n'y pas seulement une différence dans la forme cristalline comme vous l'indiquez. Ainsi je pense que votre acide aspartique ne jouit pas de la propriété rotatoire moléculaire. Pour constater ce fait il me suffirait d'avoir une petite quantité de votre acide aspartique, et j'ai pris, Monsieur, la liberté de vous écrire pour vous prier d'avoir la bonté de m'en envoyer quelques grammes.

« J'ai quitté Paris hier, et j'avais l'intention d'aller faire votre connaissance et celle de vos produits à Ven-

dôme même. Malheureusement la commission chargée
d'examiner mon travail me rappelle à Paris pour di-
manche prochain, à l'effet de répéter devant elle quelques-unes de mes expériences. C'est pour moi un véritable regret. Je vous ai cherché tout un jour à Paris,
croyant que vous étiez attaché à un des hôpitaux de
la capitale, comme on me l'avait dit par erreur.

« Si parmi les produits dont je m'occupe ou dont je
me suis occupé, vous en désiriez qui puissent vous être
utiles, ayez donc la bonté de me le dire. Je me ferai un
plaisir de vous les faire parvenir.

« Excusez-moi, Monsieur, de la permission que j'ai
prise de vous écrire, et recevez l'expression de mes sentiments de profonde estime.

« L. PASTEUR,

« *Professeur suppléant de chimie
à la Faculté des Sciences de Strasbourg.* »

« *St-Mesmin, 2 octobre 1850.* »

« Monsieur,

« Je vous suis bien reconnaissant de ce que vous m'a-
vez donné, et d'autant plus que ma prévision s'est réa-
lisée. Je me suis assuré que votre acide aspartique n'a-
vait pas de pouvoir rotatoire, malgré la grande similitude de propriété qu'il possède avec l'acide aspartique
ordinaire. Votre acide va ainsi devenir pour moi la
source d'études bien curieuses au point de vue opti-
que et cristallographique.

« J'attends surtout avec une vive impatience le moment où j'aurai produit l'acide malique que doit donner votre acide par le procédé de M. Piria. Aussi, malgré toute la crainte que j'ai d'être indiscret, j'ose venir
vous prier de m'envoyer encore de cet acide, ou de l'acide

aspartique ordinaire ou bien de l'asparagine puisque vous le retirez facilement de ces produits. C'est M. Biot qui est la cause de la permission que je prends ici. Il voulait vous écrire lui-même, me voyant hésiter à le faire. Vous m'obligerez en m'indiquant quelles sont les propriétés chimiques qui vous ont paru semblables dans les deux acides aspartiques. J'ai obtenu hier la combinaison nitrique. La solubilité des deux acides me paraît la même dans l'eau et l'acide nitrique. Pardonnez-moi, Monsieur, la permision que je prends, et recevez l'expression sincère de mon profond respect et de mes sentiments d'affectueuse estime.

« L. PASTEUR.

« *Paris, 9 octobre 1850.*

VI

Nouvelles recherches sur la production de l'acide succinique au moyen de la fermentation, par M. V. DESSAIGNES (1).

Lorsque j'ai fait connaître sommairement la transformation du malate de chaux par la fermentation spontanée, je me proposais d'ajouter à cette première observation les faits que l'analogie pourrait me révéler. Cette recherche était

(1) Comptes rendus de l'Académie des Sciences. T. XXXI, p. 432. 16 septembre 1850.

déjà bien avancée lorsque M. Liebig a fait paraître un mémoire sur le même sujet. J'aurais abandonné mon travail, si dès lors je n'avais trouvé quelques faits qui n'ont pas été observés par le fameux chimiste de Giessen.

Je me sers de la caséine brute comme ferment, je la mêle intimement à l'eau, tenant en dissolution ou en suspension la matière mise en expérience, et j'abandonne le tout à la température ordinaire de l'été pendant trois semaines ou un mois. Mes essais ont porté sur le malate de chaux neutre et parfaitement pur, le malate acide de chaux, le maléate de potasse, l'aspartate de potasse et celui de chaux, le fumarate de chaux, le maléate de même base, et l'aconitate de chaux extrait de l'aconit napel. Tous ces sels se convertissent facilement en succinate sous l'influence de la fermentation de la caséine.

L'asparagine, sous la même influence, commence à se changer en aspartate d'ammoniaque, qui lui-même se transforme en succinate. En effet, si on interrompt la fermentation quand elle est loin d'être achevée, on trouve dans la liqueur une grande quantité d'acide aspartique en même temps que de l'acide succinique.

Le corps non isolé encore qui existe dans les semences de la famille des légumineuses, et s'y convertit par la germination en asparagine, est aussi susceptible de se transformer en acide succinique. En effet, si on délaye dans l'eau de la farine de pois pendant douze heures, et si on l'abandonne à la fermentation après y avoir ajouté de la craie, la liqueur filtrée, on y trouve une no-

table quantité de succinate de chaux. J'ai fait
fermenter séparément la légumine, la liqueur d'où
elle avait été précipitée, et aussi un corps azoté
précipitant le tannin, et qui a été signalé par
M. Braconnot. J'espérais ainsi découvrir le corps
qui produit l'acide succinique. Toutes ces fermen-
tations donnent pour résultat de l'acide succinique en quantités, il est vrai, inégales ; mais cette
partie de mes recherches n'est pas encore terminée. J'ai aussi produit le même acide par la
fermentation de l'émulsion d'amandes douces, séparée de son huile et mélangée de craie.

Il paraît donc que la fermentation succinique
se rencontrera aussi fréquemment dans la nature
que la fermentation acétique, métacétique, butyrique et valérianique.

J'ajouterai maintenant un mot sur les acides
isomères de la formule

$$C^4 H^2 O^4$$

Comme on l'a vu plus haut, les acides fumarique, maléique et aconitique, se convertissent également en acide succinique ; cette similitude de
transformation est remarquable, car, d'une part,
les citrates de chaux ou de soude fermentés avec
de la caséine ne donnent pas d'acide succinique, et, de l'autre, les deux acides dérivés de
l'acide malique se distinguent très nettement de
l'acide aconitique par une autre métamorphose.
En effet, j'ai trouvé que le bifumarate et le bimaléate d'ammoniaque soumis à la distillation sèche donnent une matière très semblable par la
plupart de ses réactions, mais non identique à

celle que le bimalate d'ammoniaque produit dans les mêmes circonstances. Cette matière, par l'action prolongée de l'acide chlorhydrique, se convertit en acide aspartique, qui est absolument le même que l'on obtient avec l'acide malique. Or le biaconitate d'ammoniaque et le biéquisétate d'ammoniaque soumis au même traitement, ne reproduisent pas d'acide aspartique. Le maléate ammonique neutre ne précipite pas le chlorure ferrique, tandis que l'aconitate et l'équisétate neutres d'ammoniaque précipitent le même sel. Dans l'étude comparative que j'avais commencée de ces trois acides, j'avais pu me convaincre de la complète identité des acides aconitique et équisétique, de la non identité de ce dernier acide et de l'acide maléique ; mais les détails que je pourrais donner à cet égard deviennent inutiles par la publication récente de M. Baup sur ce sujet.

Je terminerai enfin en indiquant un moyen d'obtenir avec de l'asparagine un acide aspartique cristallisant sous la même forme que l'acide aspartique tiré du bimalate d'ammoniaque. On chauffe à 200 degrés jusqu'à ce qu'on ne sente plus d'odeur ammoniacale de l'aspartate d'ammoniaque provenant de l'asparagine ; il reste une matière brune peu soluble, qui, traitée par l'acide chlorhydrique, reproduit de l'acide aspartique cristallisant en prismes courts et durs, tels que ceux de l'acide dérivant des acides malique, maléique et fumarique.

VII

Note sur un acide nouveau dérivé de l'acide valérianique, par M. V. Dessaignes (1).

« L'acide valérianique, comme on le sait, s'altère très peu par l'action de l'acide nitrique. J'ai cherché ce que pourrait produire une réaction très prolongée de ces deux acides. Dans le même appareil qui m'a servi à convertir l'acide butyrique en acide succinique, j'ai fait chauffer, presque à l'ébullition et pendant dix-huit jours sans interruption, un mélange d'acide nitrique monohydraté et d'acide valérianique, tantôt extrait de la valériane, tantôt obtenu avec l'alcool amylique, par le procédé de M. Balard. J'ajoutais de temps à autre de l'acide nitrique, de manière à maintenir le volume du mélange à peu près constant. Les produits de cette réaction ont varié dans des opérations successives. Le corps le plus abondant, si l'on excepte l'acide valérianique lui-même, qui reste en grande partie inaltéré, est l'acide qui fait l'objet de la présente Note, et qui s'obtient également avec les deux acides valérianiques de sources différentes. Avec l'acide de la valériane, il se produit en même temps un autre acide déliquescent et une matière neutre, cristalline, contenant de l'azote et possé-

(1) Comptes rendus des séances de l'Académie des Sciences. T. XXXIII, p. 164. 11 août 1851.

dant une odeur faiblement camphrée. Avec l'acide de l'huile de pommes de terre, on obtient aussi une huile à odeur camphrée, neutre et azotée. Je ferai connaître ultérieurement le résultat de mes recherches sur ces divers produits.

« Le mélange contenu dans la cornue a été distillé, la première moitié du liquide condensé contient une huile incolore, acide, qui diminue beaucoup par le lavage, et qui devient neutre et solide ou liquide suivant l'origine de l'acide employé. En poursuivant la distillation, la cornue se remplit de nouveau d'abondantes vapeurs rouges ; on arrête alors l'opération, et le résidu de cornue est doucement chauffé dans une capsule jusqu'à ce qu'il ait pris une consistance de sirop. Il s'y forme à la longue des cristaux minces que l'on débarrasse de leur eau-mère par la compression entre du papier, et que l'on purifie facilement par une ou deux cristallisations.

« Cet acide, bien pur, cristallise en superbes tables rhomboédriques qui se recouvrent souvent à la manière de tuiles d'un toit. Il commence déjà à se sublimer à 100 degrés, mais son point d'ébullition est bien plus élevé. Il se dissout très bien dans l'eau chaude, beaucoup moins dans l'eau froide, à la surface de laquelle les cristaux exécutent parfois des mouvements giratoires.

« Le sel plombique est très soluble et cristallise en prismes fins. Le sel barytique est soluble. Le sel calcique cristallise en aiguilles qui se dissolvent facilement en tournant sur l'eau. Le sel ferrique est un précipité qui ressemble au succinate. Le sel argentique est un précipité léger qui se dissout dans l'eau bouillante, et cristallise, par le refroidissement, en prismes fins et brillants.

« J'ai analysé par l'oxyde de cuivre, avec addition de cuivre métallique, l'acide séché dans le vide et son sel d'argent séché à 100 degrés. L'azote n'a pu être déterminé sous forme d'ammoniaque. Faute d'une pompe, j'ai employé l'ancien procédé de M. Dumas, en chassant l'air du tube par un courant prolongé d'acide carbonique.

$$\text{L'acide a donné} \begin{cases} C\ldots & 10,93 \\ H\ldots & 6,18 \\ N\ldots & 10,12 \end{cases}$$

$$\text{Le sel d'argent a donné} \begin{cases} C\ldots & 23,61 \\ H\ldots & 3,63 \\ Ag\ldots & 42,27 \end{cases}$$

« Les nombres qui précèdent s'accordent assez bien avec les nombres qui représentent la composition de l'acide nitrovalérique, et qui sont, pour la formule $C^{10} H^{18} N^2 O^8$

C...	40,81	C...	23,62
H...	6,12	H...	3,15
N...	9,52	Ag..	42,52

« Il se pourrait cependant, et les propriétés physiques de ce nouvel acide me porteraient à le croire, qu'il ne soit autre chose que l'acide nitro-angélique, dont la formule serait

$$C^{10} H^{14} N^2 O^8,$$

et la composition chimique se représenterait par

$$\begin{array}{ll} C\ldots & 11,37 \\ H\ldots & 4,82 \\ N\ldots & 9,65 \end{array}$$

VIII

Recherches sur une matière sucrée particulière trouvée par M. Braconnot dans le gland du chêne. (Extrait d'une lettre de M. Dessaignes.) (1)

« Parmi les nombreuses découvertes dont la chimie organique est redevable à cet habile chimiste, une des moins intéressantes n'est pas, sans doute, celle du sucre de lait, faite par lui dans la semence du chêne. A la vérité, la petite quantité de ce sucre sur laquelle il a pu faire des essais, ne lui a pas permis d'établir définitivement son identité avec le sucre de lait qui existe dans le lait des animaux. C'est cette question, qui n'est pas sans intérêt pour la physiologie végétale, que j'ai cherché à résoudre. J'ai préparé quelques grammes de cette matière sucrée, et de son examen il résulte que c'est un corps *sui generis*, très distinct du sucre de lait, et différent par sa composition et par ses caractères de tous les corps sucrés connus ; c'est de la mannite et du dulcose qu'elle se rapproche le plus.

« Le sucre de gland cristallise en très beaux prismes, qui restent complètement transparents,

(1) Comptes rendus des séances de l'Académie des Sciences. T. XXXIII, p. 308. 15 septembre 1851.

lorsqu'ils se forment par le refroidissement d'une solution alcoolique faible. Chauffé à **210** degrés, il ne perd rien de son poids ; à **235** degrés, il fond, et émet alors une vapeur qui se condense en un faible sublimé cristallin. A cette haute température, une très petite quantité de sucre est altérée et produit une matière noire. Le reste, repris par l'eau, cristallise sans altération.

« Avec l'acide nitrique ordinaire, il ne donne, à l'aide de la chaleur, que de l'acide oxalique, sans mélange aucun d'acide mucique. Broyé avec de l'acide sulfurique concentré, il s'y dissout sans se colorer, et forme un acide copulé, dont le sel de chaux ne cristallise pas. Par le mélange des acides sulfurique et nitrique concentrés, il produit un corps nitré, détonant, ayant l'aspect d'une résine blanche, insoluble dans l'eau, soluble à chaud dans l'alcool, ne cristallisant pas, et différant en cela de la nitro-mannite.

« La solution aqueuse de ce sucre peut être chauffée quelque temps avec la potasse caustique, sans se colorer et sans dégager l'odeur du caramel. Elle dissout très peu de chaux ; elle dissout facilement la baryte. Mélangée avec une solution d'acétate de cuivre, elle peut être bouillie fort longtemps sans réduction du sel cuivrique. Lorsqu'on la chauffe avec du sulfate de cuivre et de la potasse, c'est à peine si, par une ébullition d'un quart d'heure, il se précipite une parcelle d'oxyde cuivreux. Elle n'est pas précipitée par le sous-acétate de plomb, mais l'addition de l'ammoniaque à chaud détermine un abondant précipité qui ne cristallise pas par le refroidissement.

« Le sucre de gland, mêlé avec de la levûre de bière, ne subit pas la fermentation alcoolique. Bien plus, mélangé avec du caséum et de l'eau, et abandonné à la putréfaction pendant un mois d'été, il n'a point produit d'acide lactique, et je l'ai retrouvé tout entier, à ce qu'il m'a paru, sans altération.

« Deux combustions par l'oxyde de cuivre et le chlorate de potasse ont donné :

	I	II	Calcul	
C....	43,60	43,88	C^{12}....	43,90
H....	7,60	7,47	H^{24}....	7,31
			O^{10}....	48,79

« C'est, comme on le voit, la composition de la mannite, moins les éléments de l'eau. Pour déterminer l'équivalent du sucre de gland, j'ai dissous ensemble une quantité de sucre représentée par $C^{12} H^{24} O^{10}$ et deux équivalents de baryte ; par le refroidissement, il a cristallisé une grande quantité d'hydrate barytique. L'addition de l'alcool a déterminé une nouvelle cristallisation de cet hydrate, et il est resté une solution peu colorée, comme gommeuse, qui n'a pas cristallisé et qui, dans le vide, est devenue opaque. Ainsi séchée, cette combinaison contenait 29,41 pour 100 de baryte, et, chauffée à 150 degrés, elle a perdu 5,92 d'eau. Ces nombres vont assez bien avec la formule

$$C^{12} H^{24} O^{10}, BaO, 2 Aq,$$

qui donne BaO, 29,56 et Aq, 7,48. La différence pour l'eau entre le calcul et l'expérience tient à une petite quantité d'acide carbonique absorbée par la matière, comme je m'en suis assuré.

« Le sucre de gland représente donc une espèce chimique distincte et bien définie, et, à ce titre, il devra avoir un nom ; mais je laisse à M. Braconnot, l'auteur de sa découverte, le soin de lui en donner un. »

IX

Présence de la propylamine dans le Chenopodium Vulvaria, par M. DESSAIGNES (1).

« Je viens vous prier de porter à la connaissance de l'Académie un nouveau fait de chimie physiologique qui n'est pas sans intérêt. MM. Lassaigne et Chevallier, dans un travail déjà ancien, ont signalé la présence du carbonate d'ammoniaque dans une plante vivante, le *Chenopodium vulvaria*. L'analogie entre l'odeur de cette plante et celle d'une des bases ammoniacales de la série découverte par MM. Wurtz, Anderson et Wertheim, je veux dire de la propylamine, m'avait fait soupçonner, il y a deux ans, que cet alcali pourrait se trouver dans le *Chenopodium vulvaria*. J'ai pu, cette année, recueillir une assez grande quantité de cette plante pour soumettre ma conjecture à l'épreuve de l'expérience.

« J'ai distillé dans un alambic environ 40 kilo-

(1) Comptes rendus des séances de l'Académie des Sciences. T. XXXIII, p. 358. 29 septembre 1851.

grammes de vulvaire en plusieurs opérations, tantôt avec une solution faible de potasse caustique, tantôt avec une solution de carbonate de soude. Le produit de la distillation, saturé par l'acide chlorhydrique, a été évaporé à siccité, puis traité par l'alcool concentré qui a laissé une grande quantité de sel ammoniac sans le dissoudre. La solution alcoolique a été précipitée par le chlorure de platine. Le précipité, lavé à l'alcool et dissous dans une petite quantité d'eau chaude, a formé, par le refroidissement, de gros cristaux rouge-orangés, d'un sel double de platine et d'une base organique, que de nouvelles cristallisations ont purifiés d'une petite quantité de chloroplatinate d'ammoniaque qu'ils contenaient encore.

« Une autre méthode peut être employée pour obtenir un sel de cette base exempt d'ammoniaque ; elle consiste à précipiter le chlorhydrate encore impur par le chlorure d'or, et à redissoudre le précipité dans l'eau chaude qui, par le refroidissement, abandonne un beau sel double jaune-orangé, peu soluble dans l'eau froide et cristallisant en barbes de plume comme le sel ammoniac.

« Le chlorhydrate de cet alcali est déliquescent ; néanmoins, par une forte concentration, il cristallise en prismes allongés ; il cristallise aussi par sublimation. Sa solution aqueuse, mêlée avec de la potasse, dégage une odeur ammoniacale et en même temps une odeur de morue ou d'écrevisse cuite. Elle a la saveur du sel marin qui a servi à saler la morue.

« J'ai soumis le sel double de platine bien pur aux analyses suivantes :

« 1° 0^{gr},451 calcinés ont donné 0,167 de platine.

« 2° 0^{gr},593 brûlés avec l'oxyde de cuivre ont donné 0,304 d'acide carbonique et 0,210 d'eau.

« 3° 0^{gr},554,5 calcinés avec de la chaux sodée ont produit une quantité d'ammoniaque représentant 0,023,2 d'azote.

« 4° 0^{gr},395 calcinés avec de la chaux ont donné 0,647 de chlorure d'argent.

« Ces nombres s'accordent bien avec la composition du chloroplatinate de propylamine, et donnent, en centièmes,

Expérience		Calcul	
C....	13,93	C^6....	13,57
H....	3,91	H^{20}...	3,77
N....	5,10	N^2....	5,28
Cl...	40,50	Cl^6....	40,17
Pt...	37,02	Pt....	37,19

« En outre, 0^{gr},328 du sel double d'or ont donné 0,162 d'or, ou 49,39 pour 100 ; le calcul indique 49,62.

« La propylamine existe donc toute formée dans un végétal vivant en même temps que l'ammoniaque, et j'en trouve la preuve dans son dégagement facile par la distillation du *Chenopodium vulvaria* avec une solution étendue de carbonate de soude. Sa présence dans cette plante coïncide avec une grande quantité d'une matière protéique coagulable par la chaleur. »

X

Régénération de la mannite et de la quercite, aux dépens de la nitromannite et de la nitroquercite, par M. Dessaignes (1).

« Les corps nitrogénés provenant de la combinaison de l'acide nitrique et des substances organiques, avec élimination d'eau, n'ont pas été encore, à ma connaissance, et si l'on excepte les éthers nitriques, transformés de manière à reproduire le corps organique qui leur a donné naissance, en substituant l'hydrogène au résidu nitrique, $N^2 O^4$, qu'ils contiennent. C'est cette substitution que je suis parvenu à réaliser, dans deux corps de cette classe, la nitromannite et la nitroquercite. (J'appelle *quercite*, avec l'assentiment de M. Braconnot, la matière sucrée qu'il a découverte dans le gland du chêne.)

« Le sulfhydrate d'ammoniaque très concentré, saturé d'hydrogène sulfuré et contenant même du bisulfure ammonique, est le réactif que j'emploie pour opérer cette réduction, qui est très nette surtout avec la nitroquercite. Je dissous le corps nitrogéné, parfaitement lavé dans l'alcool, à l'aide de la chaleur, et j'ajoute rapidement un grand excès de sulfhydrate ammonique. Il se dégage une énorme quantité d'ammoniaque, et il se dé-

(1) Comptes rendus des séances de l'Académie des Sciences. T. XXXIII, p. 162. 27 octobre 1851.

pose beaucoup de soufre dans la liqueur qui est évaporée rapidement au bain-marie. Le résidu sec est repris par l'eau chaude et filtré. Avec la nitroquercite, le liquide filtré est peu coloré. Par l'évaporation, il s'y forme de gros cristaux, très faciles à purifier, et présentant tous les caractères du sucre de gland. Ces cristaux, séchés dans le vide, analysés, m'ont donné, en 100 parties, C 43,69 et H 7,71. Le calcul exigerait C 43,90 et H 7,31.

« La nitromannite, sur laquelle j'ai opéré, avait cristallisé dans l'alcool, et avait été bien lavée. Elle ne pouvait donc contenir de la mannite non combinée à l'acide nitrique. Le produit brut de la réaction est coloré, surtout si le sulfhydrate employé n'est pas concentré, et il contient, dans ce cas, une notable proportion d'un sel d'ammoniaque à acide organique. La liqueur évaporée fournit une masse cristalline qui est pressée fortement dans du papier, et qui, redissoute et décolorée par le charbon animal, produit par l'évaporation spontanée des prismes d'un goût sucré, qui offrent les caractères de la mannite pure. En effet, séchés dans le vide et analysés, ils m'ont donné, en 100 parties, C 39,69 et H 8,03. Le calcul demande C 39,55 et H 7,68.

« A ces cas de substitution j'espère en ajouter d'autres, et déjà je puis dire que le sucre de lait nitrique m'a donné des cristaux d'une matière sucrée qui est sans doute la lactine régénérée; mais une première opération ne m'a pas fourni assez de matière pour l'analyse. »

XI

Note sur les combinaisons de quelques amides, par M. V. Dessaignes (1).

« J'ai étudié quelques combinaisons nouvelles que je réussis à produire aux moyen de plusieurs amides tant artificielles que naturelles d'une part, et les oxydes métalliques de l'autre ; parmi ceux-ci, de l'oxyde mercurique en particulier. Les amides, même les plus neutres, se combinent facilement avec l'oxyde mercurique préparé par voie humide, tantôt avec perte d'un équivalent d'eau, tantôt sans élimination d'aucun des éléments mis en présence. Quelques-unes des substances ainsi formées présentent des formes cristallines très nettes, toutes ont une composition représentée par des formules très simples. Voici le tableau des résultats principaux que j'ai obtenus :

Urée et oxyde de mercure.........	$HgO,\ C^2\,H^6\,N^4\,O + H^2O$
Oxamide et oxyde de mercure	$HgO,\ C^4\,H^8\,N^4\,O^4$
Fumaramide et oxyde de mercure.	$2\,HgO,\ C^8\,H^{12}\,N^4\,O^4$
Butyramide et oxyde de mercure..	$HgO,\ C^8\,H^{16}\,N^2\,O$
Succinamide et oxyde de mercure.	$HgO,\ C^8\,H^8\,N^2\,O^3$
Benzamide et oxyde de mercure..	$HgO,\ C^{14}\,H^{12}\,N^2\,O + H^2O$
Sucre de gélatine & oxyde de merc.	$HgO,\ C^4\,H^{10}\,N^2\,O^4$
Sucre de gélatine et oxyde de zinc.	$ZnO,\ C^4\,H^{10}\,N^2\,O^4$
Sucre de gél. et oxyde de cadmium.	$CdO,\ C^4\,H^{10}\,N^2\,O^4$
Asparagine et chaux.............	$CaO,\ C^8\,H^{14}\,N^4\,O^5$
Asparagine et oxyde de mercure..	$HgO,\ C^8\,H^{14}\,N^4\,O^5$
Asparagine et oxyde de cadmium.	$CdO,\ C^8\,H^{14}\,N^4\,O^5$
Asparagine et chlorure de mercure	$Hg^4\,Cl^8,\ C^8\,H^{14}\,N^4\,O^5 + H^2O$

(1) Comptes rendus de l'Académie des Sciences. T. XXXIII, p. 712. 29 décembre 1851.

« Quelques-unes de ces amides se combinent également avec les acides pour former les composés suivants :

Benzamide chlorhydrique $\quad$ $C^{14} H^{14} N^2 O^2, Cl^2 H^2$
Sucre de gélatine nitrique. $\quad$ $2\ C^4 H^{10} N^2 O^4, N^2 O^5, H^2 O$

« Enfin, je termine par un tableau qui comprend toutes les combinaisons dans lesquelles j'ai réussi jusqu'ici à faire entrer l'asparagine :

Asparagine cristallisée.......	$C^8 H^{20} N^4 O^8$
Asparagine anhydre..........	$C^8 H^{16} N^4 O^6$
Asparagine potassique.......	$C^8 H^{14} N^4 O^5, KO$
Asparagine calcique..........	$C^8 H^{14} N^4 O^5, CaO$
Asparagine cuivrique	$C^8 H^{14} N^4 O^5, CuO$
Asparagine argentique.......	$C^8 H^{14} N^4 O^5, AgO$
Asparagine zincique..........	$C^8 H^{14} N^4 O^5, ZnO$
Asparagine cadmique	$C^8 H^{14} N^4 O^5, CdO$
Asparagine mercurique	$C^8 H^{14} N^4 O^5, HgO\,?$
Asparagine bimercurique	$C^8 H^{14} N^4 O^5, 2\ HgO\,?$
Asparagine nitro-argentique.	$C^8 H^{16} N^4 O^6, 2\ (N^2 O^5, AgO)$
Asparagine chloro-mercurique	$C^8 H^{16} N^4 O^6, 1\ (Hg\ Cl^2)$
Asparagine oxalique.........	$C^8 H^{16} N^4 O^6, 2\ (C^2 H^2 O^4)$
Asparagine chlorhydrique....	$C^8 H^{16} N^4 O^6, H^2 Cl^2$
Asparagine sous-chlorhydriq.	$2\ (C^8 H^{16} N^4 O^6)\ H^2 Cl^2\,?$
Asparagine nitrique	$C^8 H^{16} N^4 O^6, N^2 O^5, H^2 O\,?$
Asparagine sulfurique........	$C^8 H^{16} N^4 O^6, 2\ (SO^5 H^2 O)\,?$

Ce travail valut à V. Dessaignes la lettre suivante de M. Pasteur :

« Monsieur,

« Vous avez vu dans les Comptes rendus ou dans le journal l'*Institut* les développements que j'ai donnés à votre curieuse découverte de l'acide aspartique inactif. C'est peut-être le premier exemple d'un genre d'isomérie spéciale que je crois propre aux substances douées de la faculté rotatoire. Il y a bien des recherches à tenter dans cette voie. L'identité presque complète entre les propriétés chimiques ne suffisant plus, d'après ces résultats, à établir une identité absolue, je pense que plusieurs combinaisons ont besoin d'être soumises à ce criterium du phénomène rotatoire.

« Encouragé par votre bienveillant accueil de l'année dernière et les offres que vous m'avez faites lorsque j'eus le plaisir de vous voir, j'ose encore venir réclamer de votre obligeance le sacrifice de quelques-uns de vos produits, ceux dont vous avez abandonné l'étude complètement. Je crois par exemple qu'il serait très utile, avant de regarder avec M. Baup les acides maléique (artificiel), aconitique et équisétique (naturels), et enfin l'acide aconitique artificiel, comme identiques, de les comparer pour leur action sur la lumière polarisée. L'acide aconitique artificiel qui provient de l'acide citrique corps inactif, ne doit pas dévier. Mais les acides aconitique et équisétique naturels, ou leurs combinaisons salines, pourraient agir sur la lumière polarisée.

« Lorsque j'eus l'honneur de vous voir à Vendôme, vous possédiez des quantités notables d'asparagine, d'acide maléique, de malates. Si vous ne pensez pas devoir revenir à l'étude de ces matières, je vous serais obligé de me remettre quelque peu de ces produits. J'ai été très malheureux avec le fruit du sorbier, fort rare cette année dans notre vilain pays, où il n'a cessé de pleuvoir depuis plus de deux mois, et j'écris à toutes les personnes qui ont travaillé sur l'acide malique de venir à mon secours. Je me réserve toutefois, Monsieur, de vous retourner les produits que vous aurez eu la bonté de m'envoyer dès la prochaine récolte du sorbier.

« Permettez-moi encore une observation sur la découverte remarquable que vous venez d'annoncer à l'Académie. Vous savez que tous les alcalis organiques *naturels*, volatils ou non volatils, dévient le plan de polarisation. Si donc votre propylamine est un alcali créé sous l'influence de la végétation, très probablement il a le pouvoir rotatoire. Au contraire, il y a toute raison de croire à priori que la propylamine de M. Wertheim ne dévie pas. S'il vous était possible de disposer de quelques grammes de votre alcali, pur ou impur, pourvu que l'impureté fût due à de l'eau, de l'ammoniaque ou un produit quelconque inactif, je serais très heureux de reconnaître s'il n'y aurait pas là un nouvel exemple de cette isomérie spéciale dont je vous parlais tout à l'heure. L'observation d'un pouvoir rotatoire n'altère en rien la substance soumise à l'essai. Par conséquent, je pourrais vous renvoyer intact et immédiatement l'échantillon de propylamine. Pardonnez-moi, Monsieur, la liberté que j'ai prise de vous adresser cette lettre. La distinction et l'originalité de toutes vos recherches, surtout votre façon de cultiver la chimie, par goût, par amour d'elle-même, seront, Monsieur, l'excuse de ma démarche, que je croirais indiscrète auprès de tout autre chimiste.

« Recevez, Monsieur, l'assurance de mon profond respect et de mes sentiments d'affectueuse estime.

« L. PASTEUR.

« *Strasbourg, 19 octobre 1851* »

XII

Note sur deux nouveaux acides résultant des réactions de l'acide nitrotartrique, par M. Dessaignes (1).

« Quelques essais, entrepris dans le but d'étudier l'action du mélange sulfuronitrique sur plusieurs acides organiques, m'ont conduit à trouver deux acides nouveaux que je désire faire connaître, sommairement et pour prendre date, à l'Académie des Sciences.

« L'acide tartrique, en poudre très fine, est rapidement dissous dans quatre parties et demie d'acide nitrique monohydraté. A la solution, on ajoute un volume égal d'acide sulfurique. Le tout, agité, se prend promptement en une bouillie blanche et ferme, qui rappelle l'empois d'amidon. Ce mélange est privé de la plus grande partie de l'acide sulfurique qu'il contient, en l'abandonnant un jour ou deux, entre deux plaques poreuses, sous une cloche. J'obtiens ainsi une matière légère, blanche et d'aspect soyeux, qui, à l'air, dégage d'abondantes vapeurs blanches. Je la purifie en la dissolvant dans de l'eau à peine tiède et refroidissant aussitôt la solution dans de l'eau à 0 degré de température ; la liqueur se prend en une masse formée de cristaux soyeux et en-

(1) Comptes rendus de l'Académie des Sciences. T. XXXIV, p. 731. 10 mai 1852.

chevètrés, qui, broyée sur un entonnoir, abandonne son eau-mère abondante et diminue beaucoup de volume. On achève de purifier les cristaux en les pressant entre des feuilles de papier
à filtrer. Cet acide est très instable. Quoique je
ne l'aie pas encore analysé, l'étude de ses produits de tranformation m'a fait voir que c'est l'a-
cide nitrotartrique.

« En effet, saturé par de l'ammoniaque, puis
chauffé après addition de sulfhydrate d'ammoniaque, il se décompose avec effervescence et dépôt abondant de soufre, et la solution filtrée et
évaporée laisse cristalliser du tartrate neutre
d'ammoniaque. De même l'acide brut, tel qu'on
l'obtient entre les deux plaques argileuses, abandonné à l'air humide dans un entonnoir, émet
pendant plusieurs jours des vapeurs blanches d'a-
cide nitrique, et se change en une matière cristalline lourde, qui, redissoute, produit de gros cristaux d'acide tartrique qui ne retient plus d'acide
nitrique en combinaison.

« Au contraire, l'acide nitrotartrique en dissolution dans l'eau et livré à la décomposition spontanée, ou traité par un courant d'hydrogène sulfuré, ou bien encore combiné à la potasse ou à
l'oxyde de plomb, subit une transformation toute
différente, et donne naissance, entre autres, à un
acide que sa composition et ses propriétés m'ont
fait reconnaitre comme différent des acides organiques jusqu'à présent décrits.

« Pour abréger, je ne parlerai ici que de la préparation de cet acide par la décomposition spontanée de l'acide nitrotartrique en dissolution

aqueuse. La solution de cet acide, à quelques degrés seulement au-dessus de zéro, ne tarde pas à dégager des bulles gazeuses. Ce dégagement augmente peu à peu, et la liqueur prend une faible teinte bleue. Le gaz se compose alors de 5 6 de deutoxyde d'azote et de 1 6 d'acide carbonique. Après plusieurs jours, le gaz cesse de se produire. Chauffe-t-on alors la liqueur à 40 ou 50 degrés, il survient une vive effervescence qui est due à l'acide carbonique pur, et, par la concentration du liquide ainsi chauffé, on n'obtient presque que de l'acide oxalique. Au contraire, si l'on abandonne dans une étuve chauffée à peine à 30 degrés la liqueur qui ne dégageait plus de gaz à froid, elle recommence à en produire quelques bulles, quand elle est concentrée, et finit par donner des cristaux de l'acide nouveau, cristaux dont le poids est bien inférieur à celui de l'acide tartrique qui a servi à le préparer. Cet acide est souvent, mais non toujours, accompagné d'une petite quantité d'acide oxalique.

« Il se présente sous la forme de prismes assez volumineux, tantôt restant transparents à l'air, tantôt devenant à demi opaques et comme fibreux. Ces derniers ne perdent pas d'eau à 100 degrés. Chauffés au bain d'huile, ils ne fondent que vers 175 degrés, émettent du gaz et à peine de l'eau, et laissent un résidu non cristallin, peu coloré et presque insoluble dans l'eau. Distillé rapidement à la chaleur de la lampe, l'acide nouveau produit un autre acide très soluble, cristallin et un peu volatil.

« En dissolution dans l'eau, la chaleur de l'ébullition n'altère pas l'acide nouveau libre ; il ne précipite pas les chlorures calcique et barytique, ni l'acétate potassique, ni les sulfates magnésique et cuivrique, ni le chlorure ferrique, même avec de l'ammoniaque en excès. Il précipite les nitrates de plomb et d'argent, le nitrate mercureux et le chlorure mercurique. Tous ces précipités deviennent promptement lourds et manifestement cristallins. Il précipite encore les acétates de baryte, de cuivre et de chaux. Le sel ammoniac dissout ce dernier précipité.

« Le sel neutre d'ammoniaque précipite les chlorures calcique, barytique et platinique.

« Deux combinaisons par l'oxyde de cuivre et le chlorate de potasse ont donné :

1° $0^{gr},479$ d'acide séché
dans le vide.... $CO^2 = 0^{gr},527$ et $Aq = 0^{gr},146$;
2° $0^{gr},529$ d'acide. .... $CO^2 = 0^{gr},590$ et $Aq = 0^{gr},174$.

« Trois analyses de sel d'argent séché dans le vide (à 100 degrés il se décompose) ont donné :

3° $0^{gr},169$ de sel....... $Ag = 0^{gr},302$;
4° $0^{gr},408$ de sel....... $Ag = 0^{gr},261$;
5° $1^{gr},127$ de sel....... $CO^2 = 0^{gr},562$ et $Aq = 0^{gr}090$.

« Ces nombres, traduits en centièmes, donnent :

	I	II	III	IV	V
C....	30,00	30,41	»	»	10,74
H....	3,38	3,61	»	»	0,70
O....	»	»	»	»	»
Ag...	»	»	64,37	64,70	»

« Ces résultats analytiques ne s'accordent qu'a-
vec la formule et le calcul qui suivent :

$$
\begin{array}{llll}
C^5 \ldots & 30,00 & C^5 \ldots & 10,77 \\
H^4 \ldots & 3,33 & H^2 \ldots & 0,60 \\
O^5 \ldots & \underline{66,67} & O^5 \ldots & 23,96 \\
 & 100,00 & Ag \ldots & \underline{64,67} \\
 & & & 100,00
\end{array}
$$

« Suppose-t-on cet acide bibasique, et déjà je
puis dire qu'il forme avec l'ammoniaque un sel
acide en beaux prismes, sa formule deviendrait
$C^6 H^8 O^{10}$, ce qui en ferait un homologue de l'a-
cide malique, $C^8 H^{12} O^{10}$. Mais pour établir cette
homologie remarquable, en ce que l'acide malique est jusqu'à présent le seul de sa série, il fau-
dra faire voir que l'acide que je viens de faire
connaitre est bibasique, et, de plus, qu'il présente
dans ses principales réactions une analogie marquée avec l'acide malique, c'est ce que je recherche en ce moment ; il sera aussi intéressant d'é-
tudier les deux acides dérivés de l'acide tartrique, sous le point de vue de leur action sur la
lumière polarisée. »

XIII

Note sur le principe amer de l'alkékenge,
par MM. V. Dessaignes & J. Chautard (1). — Lue
à la Société de Pharmacie, le 3 décembre 1851.

Quelques médecins ont employé récemment,
et non sans succès, le *physalis alkekengi*, pour

(1) Journal de Pharmacie et de Chimie, 3ᵉ série, T. **XXI**,
p. 24, 1852.

combattre les fièvres intermittentes. Existe-t-il dans cette plante un principe fébrifuge qui puisse servir de succédanné à la quinine? Dans le but de le découvrir, nous avons soumis l'alkékenge à quelques essais chimiques, et c'est le résultat de ce travail que nous avons l'honneur de communiquer à la Société de Pharmacie.

Toutes les parties de l'alkékenge sont amères, et surtout les feuilles et les capsules qui enveloppent le fruit. Dans un premier essai, nous avons épuisé les feuilles sèches par de l'alcool, à l'aide d'un appareil de déplacement ; la solution alcoolique a été distillée et le résidu séché au bain-marie ; il était amer, mais coloré par une grande quantité de chlorophylle. Dans un second essai, nous avons épuisé, par déplacement, les feuilles avec de l'eau froide. La liqueur était brune et amère, elle a été privée de son amertume par le charbon animal ; le charbon lavé, puis séché, a été traité par de l'alcool rectifié bouillant qui a laissé, en évaporant, un résidu jaune-brun peu abondant et très amer.

Enfin, dans un troisième essai, la solution aqueuse a été additionnée de potasse, puis vivement agitée avec du chloroforme (environ 20 grammes par litre de solution) ; il s'est formé par un repos prolongé un dépôt presque blanc, que l'on a séparé du liquide surnageant et lavé complètement par décantation, au moyen d'un entonnoir dont le bec était fermé d'un bouchon ; par l'évaporation, ce dépôt a laissé un résidu pulvérulent, très peu coloré et amer.

Cette matière n'est pas azotée et ne se comporte pas avec les acides comme un alcaloïde organique; nous avons, en conséquence, supprimé la potasse dans l'extraction un peu en grand que nous en avons entreprise, à l'aide du chloroforme.

Pour enlever à la solution aqueuse d'alkékenge toute son amertume, il faut la traiter, à deux reprises, par le chloroforme, renouveler à chaque fois, et secouer le mélange au moins dix minutes. Le principe amer, obtenu comme il vient d'être dit, a été purifié en le dissolvant dans l'alcool chaud, ajoutant un peu de charbon, précipitant par l'eau la liqueur filtrée et lavant sur un filtre le précipité avec de l'eau froide.

Cette matière amère, que l'on pourrait appeler physaline, nous a présenté les propriétés suivantes : C'est une poudre légère, blanche, avec une faible nuance jaune, que nous n'avons pu lui enlever par aucun moyen. Son goût, faible d'abord, présente ensuite une amertume franche qui persiste longtemps. Bien sèche, elle est électrique par le frottement ; au microscope, elle ne laisse voir aucune apparence de cristallisation. Chauffée, elle se ramollit vers 180°, et à 190°, elle est en fusion pâteuse, mais alors elle se colore et se remplit de bulles ; elle brûle avec une flamme fuligineuse et sans laisser de résidu ; très peu soluble dans l'eau froide, qui en prend cependant l'amertume, elle se dissout un peu mieux dans l'eau bouillante ; l'éther la dissout très peu ; elle se dissout bien dans le chloroforme et encore mieux dans l'alcool, surtout à l'aide de la chaleur. La physaline se dissout très peu dans les acides affaiblis, et sa solution dans l'acide chlorhydrique, évaporée à siccité, ne retient que des traces d'acide; chauffée avec de la potasse, elle ne dégage pas d'ammoniaque; elle se dissout assez bien dans l'ammoniaque chauffée, mais l'évaporation la sépare entièrement de cet alcali. Elle n'est pas précipitée de sa solution alcoolique par le nitrate d'argent ammoniacal, mais elle l'est par l'acétate de plomb et l'ammoniaque, sous forme d'un précipité floconneux et jaunâtre.

I. $0^{gr},279$ de matière séchée dans le vide ont donné à l'analye: CO^2, $0^{gr},6525$ et Aq, $0^{gr},159$;

II. $0^{gr},423$ ont donné CO^2, $0^{gr},986$ et Aq, $0^{gr},240$.

I		II		Calcul	
C....	63,78	C....	63,57	C^{28}....	63,64
H....	6,33	H....	6,30	H^{32}....	6,06
				O^{10}....	30,30

Le précipité de physaline, par l'acétate de plomb ammoniacal, a été lavé rapidement et séché dans le vide. $0^{gr},403$ calcinés ont donné un mélange de plomb et d'oxyde de plomb, représentant $0^{gr},219$ d'oxyde plombique, ou pour 100 : 54,34. Le calcul, pour la formule $C^{28} H^{30} O^9$, 3 Pb O, indique 56.70, mais nous sommes loin de regarder l'équivalent et la formule de la physaline comme suffisamment établis par cette seule expérience. Le désir que nous avions de réserver une quantité de matière suffisante pour des essais cliniques, nous a interdit de pousser plus loin nos recherches. Le principe amer du chardon bénit, la cnicine se rapproche beaucoup de la physaline par sa composition.

En effet, elle contient C 62,9 H 6,9 et O 30,2.

Nous dirons enfin, en terminant ce petit travail, que nous avons extrait des baies mûres de l'alkékenge, dont le goût offre une acidité agréable quoique mêlée d'amertume, un acide cristallisé en beaux cristaux, qu'à toutes ses réactions il nous a été facile de reconnaitre pour de l'acide citrique.

Vendôme, 29 novembre 1851.

XIV

**Note sur la régénération
de l'acide hippurique,** par M. V. Dessaignes (1).

« Parmi les nombreux essais que j'avais tentés, il y a quelques années, dans le but de régénérer l'acide hippurique, il en est un que les ingénieuses recherches de MM. Gerhardt et Chiozza sur les amides composées m'ont remis en mémoire, et j'ai interrompu un moment l'étude que je fais des dérivés de l'acide nitrotartrique, pour examiner les résultats que j'avais pu obtenir d'expériences longtemps négligées. J'a-

(1) Comptes rendus des séances de l'Académie des Sciences. T. XXXVII, p. 251. 9 août 1853.

vais fait réagir le chlorure de benzoïle sur le sucre de gélatine zincique ($C^4 H^{10} N^2 O^4 ZnO$) de
deux manières : 1° en chauffant le mélange à 120
degrés dans un tube fermé ; 2° en laissant la
réaction s'accomplir lentement dans un flacon à
l'émeri. Dans ces deux opérations, il s'est produit de l'acide hippurique, et quoique, par des
circonstances qu'il serait trop long de détailler,
je n'en aie obtenu qu'une fort petite quantité, dans
ces deux essais entrepris, eux-mêmes, sur peu
de matière, j'ai pu facilement l'isoler, le purifier
et le reconnaître. La forme de ses cristaux, l'o-
deur caractéristique qu'il dégage en brûlant sur
la lame de platine et le charbon qu'il y laisse, la
production abondante d'ammoniaque qu'on ob-
serve quand on le chauffe avec de la potasse, le
distingue nettement de l'acide benzoïque. Je n'en
avais pas assez pour l'analyser, mais j'ai préparé une petite quantité du sel d'argent, qui a offert la même forme cristalline, la même solubilité dans l'eau que l'hippurate d'argent, provenant
de l'acide hippurique naturel. J'ai calciné ce sel
séché à 100 degrés. Il a laissé un résidu d'argent s'élevant à 38 pour 100. Le calcul exigerait
37,75, tandis que le benzoate contient 47,16 d'argent. Il ne peut donc rester aucun doute sur la régénération de l'acide hippurique, et la réaction peut
se représenter par l'équation suivante :

$$\left. \begin{array}{l} C^4 H^{10} N^2 O^4, ZnO \\ C^{14} H^{10} O^2 Cl^2 \end{array} \right\} = C^{18} H^{18} N^2 O^6 + Cl^2 Zn, + H^2 O.$$

« J'avais d'abord essayé le chlorure de benzoïle et le sucre de gélatine isolé, mais sans suc-

cès. L'action est trop énergique ou nulle suivant les circonstances de température ou de temps, et l'acide chlorhydrique qui devient libre peut être un obstacle à la combinaison.

« On peut considérer l'acide hippurique comme un acide secondaire qui présente, par exemple, la constitution de la benzoïlsalicylamine de MM. Gerhardt et Chiozza ; c'est ce que montre la comparaison des deux formules qui suivent :

$$N^2 \left\{ \begin{matrix} C^{14} & H^{10} & O^4 \\ C^{14} & H^{10} & O^2 \\ & H^2 & \end{matrix} \right\}, \qquad N^2 \left\{ \begin{matrix} C^4 & H^6 & O^4 \\ C^{14} & H^{10} & O^2 \\ & H^2 & \end{matrix} \right\}.$$

XV

Sur les acides contenus dans quelques champignons, par M. V. Dessaignes (1).

« M. Braconnot a signalé, dans les champignons, deux acides qu'il a désignés sous les noms d'*acide bolétique* et d'*acide fungique*. Dès l'automne de l'année dernière, j'avais préparé ces acides pour les analyser, et quoique M. Bolley, avant moi, ait fait connaître la composition de l'acide bolétique, je crois qu'il n'est par inutile

(1) Comptes rendus de l'Académie des Sciences. T. XXXVII, p. 782. 21 novembre 1853.

de publier les résultats que j'ai obtenus de mon côté.

« J'ai retiré l'acide bolétique du *Boletus pseudo-ignarius,* champignon dans lequel M. Braconnot a découvert cet acide ; mais je l'ai aussi trouvé en petite quantité dans l'amanite fausse-oronge et dans l'agaric meurtrier. Cet acide est très facile à purifier, à cause de son peu de solubilité dans l'eau. L'examen comparatif que j'en ai fait, ainsi que de l'acide fumarique, ne m'a laissé aucun doute sur la parfaite identité de ces deux acides. J'ai, en outre, analysé l'acide bolétique isolé de son sel d'argent. J'ai obtenu par la combustion de l'acide séché dans le vide, par l'oxyde de cuivre et l'oxygène, C 41,85 ; H 3,73 ; le calcul pour la formule $C^8 H^8 O^8$, qui est celle de l'acide fumarique, donne C 41,38 ; H 3,45. Le bolétate d'argent, séché à 100 degrés, puis calciné, contenait en 100 parties 65,01 d'argent. Le calcul exige 65.45.

« L'acide brut provenant des trois champignons ci-dessus nommés, et dont j'avais éloigné l'acide bolétique par concentration et cristallisation, a été neutralisé par l'ammoniaque, puis précipité par le chlorure de calcium ; j'ai ainsi éliminé une quantité considérable de phosphate de chaux. La liqueur filtrée a été chauffée ; elle a laissé tout à coup précipiter une poudre blanche et cristalline. Ce sel de chaux lavé, puis dissous dans l'acide nitrique faible, a refusé de donner des cristaux, la solution nitrique a été précipitée par l'acétate de plomb. Le sel de plomb ne cristallise pas. Je l'ai fait bouillir à plusieurs reprises dans l'eau qui en a extrait une petite quantité d'un sel de plomb soluble. La partie insoluble dans l'eau bouillante a été enfin décomposée par l'hydrogène sulfuré. J'ai obtenu, par l'évaporation de la liqueur filtrée, des prismes groupés concentriquement, qui, après quelques jours, se sont changés en gros cristaux isolés. Ces cristaux brûlent sans laisser de résidu. Toutes leurs propriétés chimiques concordent parfaitement avec celles de l'acide citrique ; en outre, j'ai brûlé le sel d'argent séché à 100 degrés avec de l'oxyde de cuivre, et j'en ai dosé l'argent sous forme de chlorure. J'ai obtenu sur 100 parties du sel, C 13,96 ; H 1,21 ; Ag 62,67. Le calcul pour la formule du citrate d'argent, $C^{12} H^{10} O^{14}$, 3 Ag, donne C 14,03 ; H 0,98 ; Ag 63,15.

« Le liquide d'où la chaleur avait précipité le citrate de chaux a été traité par l'acétate de plomb, puis par le sous-acétate plombique, pour en retirer l'acide fungique. Le sel de plomb, abandonné dans une étuve, a cristallisé en grande partie. J'ai séparé, par décantation, les cristaux d'une poudre plus légère et non cristalline, et j'ai retiré, par l'hydrogène sulfuré, des cristaux ainsi purifiés, un acide encore coloré et ne cristallisant pas, que j'ai à demi saturé par de l'ammoniaque. J'ai ainsi obtenu un sel, cristallisant sous la même forme que le bimalate d'ammoniaque et qu'il a été facile de purifier par cristallisation. L'acétate de plomb a précipité de la solution aqueuse de ce sel pur, un sel de plomb qui a cristallisé entièrement, et d'où j'ai retiré, par l'hydrogène sulfuré, un acide incolore, cristallisant confusément dans le vide et déliquescent. Cet acide m'a offert tous les caractères de l'acide malique. Chauffé longtemps dans un tube fermé par un bout, il s'est converti en acide fumarique. Neutralisé presque entièrement par la chaux, puis chauffé à l'ébullition, il a laissé déposer un sel de chaux pulvérulent qui, dissous dans l'acide nitrique affaibli, a donné des cristaux semblables au bimalate de chaux. Le bi-sel d'ammoniaque chauffé à 180 degrés, a produit cette matière peu soluble que donne le bimalate d'ammoniaque traité de la même manière. Enfin, j'ai soumis à l'analyse le sel d'argent séché à 100 degrés, et j'ai obtenu C, 13,59 ; H, 1,58 ; Ag, 62, 13 ; le calcul pour la formule $C^8 H^8 O^{10}$, 2 Ag, qui est celle du malate d'argent, donne C, 13,79 ; H, 1,15 ; Ag, 62,07.

« L'acide fungique me paraît donc n'être que de l'acide malique mélangé d'acide citrique et d'acide phosphorique. »

XVI

Faits pour contribuer à l'histoire de quelques corps organiques, par M. V. DESSAIGNES (1).

1° Acides malique, citrique & tartrique.

M. Everitt a signalé, comme une source abondante d'acide malique, le suc d'une rhubarbe

(1) Journal de Pharmacie et de Chimie, 3ᵉ série, T. XXV, p. 23, 1851.

qu'il a désignée sous son nom anglais. Suivant M. Berzélius, dans son Traité, la rhubarbe du chimiste anglais est le *rheum rhaponticum*. J'ai cultivé cette plante pour me procurer l'acide malique; mais j'ai été loin d'en obtenir le résultat qui est annoncé. Le suc des tiges de cette rhubarbe contient une grande quantité d'acide oxalique. Après avoir éloigné la majeure partie de cet acide, par le chlorure de calcium à froid, il ne m'a été possible d'obtenir que 7 grammes environ de malate acide de chaux par litre de suc.

J'ai cherché alors à extraire l'acide malique des tiges d'une rhubarbe cultivée par un jardinier de Paris, pour l'usage des Anglais qui habitent cette ville, et qui m'a paru être le *rheum compactum*. Le chlorure de calcium ne précipite pas à froid le suc de cette rhubarbe, qui ne contient presque que de l'acide malique. Je n'ai obtenu par litre que 15 grammes de malate acide de chaux, ce qui est énormément éloigné du rendement indiqué par M. Everitt.

J'ai trouvé, au contraire, une source abondante d'acide malique, très facile à purifier, dans la livèche *(ligusticum levisticum)*, que j'ai distillée à l'époque de sa floraison pour en obtenir l'huile essentielle. Le liquide qui baigne la plante dans l'alambic, précipité par l'acétate de plomb, a donné un précipité peu coloré, qui en peu de jours s'est converti presque entièrement en cristaux à peu près blancs, d'où j'ai pu retirer facilement du malate acide d'ammoniaque très pur.

J'ai aussi cherché à isoler les acides contenus dans la décoction provenant de la distillation de la rose d'Inde *(tagetes erecta)*. J'ai obtenu, par l'acétate de plomb, un abondant précipité jaune, d'où j'ai retiré par les méthodes usitées à peu près égales quantités d'acide malique et d'acide citrique.

Le liquide, résidu de la distillation du *pelargonium* à odeur de rose, laisse déposer par le refroidissement une abondante cristallisation de tartrate de chaux. L'acide de ce sel rendu libre exerce sur la lumière polarisée le même pouvoir rotatoire que l'acide des raisins. Déjà M. Braconnot avait trouvé de l'acide tartrique dans un géranium indigène.

Je signalerai aussi, en passant, l'existence de l'acide citrique accompagné de très peu d'acide malique dans le fruit de la tomate. Les baies de *mahonia aquifolia*, arbuste de la famille des berbéridées, contiennent un mélange d'acide tartrique et d'acide malique. Après avoir vu chez un fabricant de produits chimiques des cristaux désignés sous le nom d'acide vitique, et qu'on m'a dit provenir de la sève de la vigne, j'ai voulu préparer cet acide pour l'analyse, et j'ai évaporé, à cet effet, une grande quantité de cette sève. J'ai obtenu, comme produit principal, un sel de chaux d'où j'ai retiré un acide qui n'était autre que de l'acide tartrique. Cette recherche était presque terminée, lorsque j'ai eu connaissance d'un travail de M. Langlois, qui, avant moi, avait obtenu le même résultat.

2º Acide euphorbique.

M. Riegel a trouvé dans l'*euphorbia cyparissias* en fleurs un acide cristallisant en aiguilles incolores, dont le sel de plomb est cristallin et soluble dans l'eau chaude, et dont les sels alcalins peuvent cristalliser et précipitent les sels de fer, d'étain, de cuivre, de mercure, de plomb, d'argent. J'ai cherché à préparer cet acide, dans le but d'en comparer la composition et les propriétés avec ceux des acides organiques fixes les plus répandus dans le règne végétal. J'ai suivi ponctuellement le procédé de M. Riegel tel que Berzélius le décrit; mais je n'ai pas réussi à extraire de l'*euphorbia cyparissias* un acide qui réunît les caractères indiqués par le chimiste allemand. Le précipité A, que détermine le nitrate de plomb dans le suc de cette plante, traité suivant le procédé de M. Riegel, est jaune, à peine cristallin, et ne se dissout que partiellement dans l'eau bouillante.

Une partie de ce précipité A, bien lavé et décomposé par l'hydrogène sulfuré, a donné un acide coloré B, refusant de cristalliser et offrant les réactions attribuées par M. Riegel à l'acide euphorbique. De plus, la gélatine produit avec cet acide B un précipité noir et visqueux. Le liquide, ainsi traité par la gélatine en léger excès et filtré, ne présente plus les réactions de l'acide euphorbique, il ne précipite plus le nitrate de cuivre, et ne noircit plus le chlorure ferrique.

J'ai précipité une portion de l'acide brut B par le nitrate cuivrique. Le précipité lavé a été décomposé par l'hydrogène sulfuré, avec addition d'ammoniaque; le gaz sulfhydrique seul l'attaquant à peine, le sel ammoniaque filtré, puis légèrement sursaturé d'acide acétique, a été précipité

par l'acétate de plomb. J'ai obtenu ainsi un précipité noir et visqueux, que je n'ai pas examiné
ultérieurement, désespérant d'y trouver un acide
euphorbique incolore.

Une autre portion du liquide B, débarrassée par
la gélatine de son acide colorant, a été précipitée par
le nitrate de plomb; le précipité jaune gris C a été
lavé et décomposé par l'hydrogène sulfuré. L'acide
isolé, saturé par l'ammoniaque et additionné de
chlorure calcique, ne donne pas de précipité, mais,
en chauffant presque à l'ébullition, il se forme un
dépôt cristallin presque blanc. Ce dépôt, dissous
dans l'acide nitrique faible, ne donne pas de cristaux de bimalate de chaux. La solution nitrique a
donné, par l'acétate de plomb, un précipité qui
a été lavé et décomposé par le gaz sulfhydrique;
j'ai obtenu, par l'évaporation de la liqueur filtrée, un acide en prismes allongés et groupés
concentriquement, qui, en quelques jours, se sont
convertis en gros cristaux isolés.

Ces cristaux brûlent sans résidu. Chauffés à
180°, ils ne donnent pas d'acide fumarique; ils ne
précipitent pas l'acétate de potasse, ni le sulfate
de cuivre, ni le perchlorure de fer. Le sel neutre
potassique de cet acide, en dissolution peu étendue, ne précipite pas le chlorure de calcium;
mais, en chauffant, il se dépose une poudre cristalline, lourde, insoluble dans la potasse à froid et
très peu soluble dans le sel ammoniacal. Si la
solution du sel de potasse est concentrée, elle
forme avec le chlorure calcique un précipité floconneux, bien soluble dans le sel ammoniacal,
d'où la chaleur le précipite de nouveau sous

forme de poudre cristalline. L'acide libre, versé dans l'acétate de plomb en excès, forme un précipité très peu soluble dans l'ammoniaque. Verse-t-on au contraire l'acétate de plomb dans l'acide en excès, le précipité se dissout par une addition d'ammoniaque. En un mot, ces cristaux présentent toutes les réactions qui caractérisent l'acide citrique.

L'acide brut B, qui avait donné un précipité de citrate de plomb par le nitrate plombique, précipite encore abondamment par l'acétate de plomb. Le précipité D, lavé et décomposé par l'hydrogène sulfuré, fournit un liquide peu coloré qui ne précipite ni le chlorure de calcium, ni le sulfate de cuivre, ni le chlorure ferrique. Ce liquide, à demi saturé par l'ammoniaque, puis évaporé, cristallise en beaux prismes faciles à purifier. Le bi-sel d'ammoniaque bien pur donne, par l'acétate de plomb, un précipité qui cristallise entièrement du jour au lendemain, et qui est soluble dans l'eau bouillante, dans laquelle il fond sous forme de résine blanche, s'il est en excès.

Enfin, on a retiré l'acide du sel de plomb par l'hydrogène sulfuré. C'est un acide cristallisant confusément dans le vide, déliquescent, qui, chauffé à 180°, laisse pour résidu un acide peu soluble ; qui, neutralisé par la potasse, ne donne un sel de chaux insoluble avec le chlorure de calcium que par une ébullition prolongée ; dont le sel neutre de chaux dissous dans l'acide nitrique faible et chaud produit un bi-sel de calcium en beaux cristaux ; dont enfin le bi-sel d'ammoniaque chauffé à 180° fournit une matière insoluble dans l'eau. A tous ces caractères, il est impossible de ne pas reconnaître l'acide malique.

J'ai enfin essayé d'isoler l'acide euphorbique, en laissant bouillir à plusieurs reprises le précipité primitif A dans l'eau. La portion de ce précipité qui a refusé de se dissoudre, traitée comme le précipité C, m'a donné de l'acide citrique. La portion qui se dissout dans l'eau bouillante se précipite de la liqueur filtrée et refroidie sous forme d'une poudre grenue et jaune, qui, traitée comme le précipité D, comme lui m'a donné du bimalate d'ammoniaque.

Je n'ai donc trouvé dans l'*euphorbia cyparissias* que de l'acide citrique, de l'acide malique, et un acide coloré qui précipite la gélatine et les sels de cuivre, et noircit par les sels ferriques.

3° Fermentation succinique.

Par une note sur la fermentation succinique publiée dans les Comptes rendus, j'ai fait connaître que l'on trouvait de l'acide succinique dans l'émulsion des amandes douces et des semences de quelques légumineuses. J'ai poursuivi cette recherche, et j'ai soumis aux mêmes essais les noix, les noisettes, les graines de soleil et de citrouille, le chènevis, le sarrasin, l'avoine, le maïs et la moutarde blanche. Je broye les semences, je les délaye avec une quantité d'eau suffisante pour permettre la filtration. Je laisse fermenter la liqueur filtrée, à laquelle j'ajoute de la craie à une température qui varie de 25° à 35°. La fer-

mentation s'achève en six à sept jours. Je précipite la liqueur par le carbonate sodique, je filtre,
j'ajoute un excès d'acide chlorhydrique, j'évapore
à siccité au bain-marie, je fais bouillir le résidu
avec de l'éther. J'évapore la solution éthérée, et
dans ce nouveau résidu je recherche l'acide succinique.

Je n'ai eu aucun indice de la présence de cet
acide dans le produit de la fermentation de l'a-
voine, du maïs, du chènevis, de la moutarde et
des graines de citrouille. Les noix et le sarrasin m'en ont donné une trace, reconnaissable à
la réaction du chlorure ferrique sur le résidu de
la solution étherée. Les noisettes, les graines de
soleil et les glands préalablement privés de tannin par la chaux, en produisent autant que les
amandes douces, c'est-à-dire qu'on obtient des
cristaux faciles à purifier, et sur lesquels j'ai pu
faire toutes les réactions qui caractérisent l'acide
succinique.

La formation de cet acide est probablement
liée à la présence de l'acide malique, ou de l'asparagine dans certaines semences. L'asparagine
n'a pas été signalée, que je sache, dans les graines. Je l'ai rencontrée accidentellement dans les
châtaignes, où je cherchais la quercite, que, du
reste, je n'y ai pas trouvée.

Les graines de la famille des légumineuses
qui présentent la fermentation succinique, produisent de l'asparagine lorsqu'elles germent dans
l'obscurité. En est-il de même des semences de
famille différente ? Pour répondre à cette question,
j'ai fait pousser à l'abri de la lumière les graines

du grand soleil, mais je n'ai pas trouvé d'asparagine dans le suc des tiges ainsi développées. Ce suc, concentré à une douce chaleur, s'est presque entièrement pris en une masse de cristaux de nitre.

J'ai déjà eu l'occasion de rencontrer souvent du nitrate de potasse dans le suc des plantes étiolées, à l'occasion de mes essais sur la production de l'asparagine. Quelle est l'origine de ce sel ? Est-il simplement absorbé du sol où il préexiste ? Y a-t-il au contraire formation d'acide nitrique aux dépens des corps azotés contenus dans les graines ? Si l'on considère que l'oxygène de l'air est indispensable pour la germination, qui ne s'accomplit pas sans production d'acide carbonique par l'oxydation du carbone de la semence, on ne regardera pas comme absolument improbable que l'acide nitrique puisse prendre naissance dans cette circonstance. J'ai cherché à résoudre cette question par l'expérience. A cet effet, j'ai semé deux poids égaux de graines de soleil, l'un dans la terre de jardin, l'autre dans du sable quartzeux pur, lavé complètement à l'eau distillée et reposant sur une table bien lavée. J'ai fait germer l'un et l'autre dans l'obscurité ; le suc des graines poussées dans le sable et arrosées d'eau distillée n'a pas donné trace de cristaux de salpêtre, et je n'ai pu y constater la présence de ce sel par les réactifs usités. Le suc des graines semées dans la terre de jardin en contenait, au contraire, une grande quantité.

J'ai essayé de faire fermenter le saccharate

de chaux avec du caséum. En comparant les formules de l'acide sacharrique et de l'acide succinique, on trouve qu'elles présentent le même rapport que celles des acides lactique et butyrique, comme le font voir les deux équations suivantes :

$$C^{12}\ H^{24}\ O^{12} = C^8\ H^{16}\ O^4 + C^4\ O^8 + H^8$$
$$\text{ac. lactique} \qquad \text{ac. butyrique}$$

$$C^{12}\ H^{20}\ O^{16} = C^8\ H^{12}\ O^8 + C^4\ O^8 + H^8$$
$$\text{ac. saccharique} \qquad \text{ac. succinique}$$

J'espérais que l'acide saccharique subirait la métamorphose succinique. Mais, faute peut-être d'avoir assez varié l'expérience, le saccharate de chaux mêlé de fromage n'a presque pas fermenté dans le liquide surnageant, je n'ai pu décéler l'acide succinique à l'aide du perchlorure de fer.

J'ai encore soumis à ce genre d'essais deux liquides animaux et le suc du bolet comestible, et quoique le résultat ait été négatif, quant à la formation de l'acide succinique, j'en dirai néanmoins deux mots.

Après avoir broyé de la cervelle de bœuf et du foie de veau, et en avoir fait avec de l'eau une sorte d'émulsion, j'ai filtré ces émulsions en les distribuant sur plusieurs filtres. La filtration a duré six jours ; mais, à la faveur d'une température presque constante de 0° qui a régné tout ce temps dans la pièce où j'opérais, j'ai pu obtenir des liqueurs très limpides et sans nulle altération. J'y ai ajouté de la craie, et je les ai alors transportées dans une étuve maintenue à une température de 25° à 35°. La liqueur provenant du cerveau a dégagé très peu de gaz, et a bientôt pris une odeur putride. Le carbonate de soude la troublait à peine. La liqueur venant du foie a fermenté avec vivacité, et n'a conctracté aucune mauvaise odeur. En l'évaporant, elle a déposé une grande quantité d'un sel de chaux presque blanc, en cristaux verruqueux. Ce sel a été facile à purifier et à reconnaître pour du lactate de chaux ; je l'ai converti en lactate de zinc parfaitement cristallisé, dont j'ai déterminé l'eau d'hydratation et l'oxyde zincique. $0^{gr},732$ séchés à l'air, puis chauffés à l'air, ont perdu $0^{gr},131$ d'eau ou pour cent 18,17. L'oxyde de zinc pesait $0^{gr},199$, pour cent 27,18. Le calcul pour la formule $C^{12} H^{20} O^{10}, 2 Zn O + 3 Aq$ donne $H^2 O$, 18,30 et $Zn O$, 27,28. Ainsi le sucre contenu dans le foie subit la fermentation lactique, et donne naissance à un acide identique à celui du lait, et non à l'acide lactique du liquide musculaire.

Le suc de bolet comestible produit, par sa fermentation avec de la craie, une notable quantité de lactate de chaux.

En versant une goutte de nitrate d'argent dans l'acide maléique avec lequel j'avais préparé un sel de chaux pour la fermentation, je me suis assuré que cet acide n'était pas pur d'acide fumarique. Je me suis alors demandé si l'acide succinique que j'avais obtenu en petite quantité par la fermentation de ce malate de chaux, ne provenait pas uniquement du fumarate de chaux qu'il contenait en mélange. Pour éclaircir ce doute, j'ai purifié l'acide maléique qui me restait de tout mélange d'acide fumarique, par l'addition de quelques gouttes de nitrate d'argent et d'ammoniaque. J'ai préparé un maléate calcique pur, et je l'ai fait fermenter avec le caséum. La fermentation n'a pas été complète, et l'acide maléique n'a été que partiellement transformé. J'ai saturé à moitié par la soude le mélange d'acides ainsi obtenu, et, par la concentration, il s'est formé une abondante cristallisation de bimaléate sodique, assez peu soluble. L'eau-mère sirupeuse a été neutralisée par la soude. Concentrée de nouveau, elle a laissé déposer des cristaux d'où j'ai pu extraire de l'acide succinique bien pur. L'acide maléique peut donc se transformer en acide succinique, comme je l'avais annoncé.

4° **Quercite.**

Je ferai connaitre brièvement une modification avantageuse au procédé d'extraction du sucre de gland. Cette modification consiste à faire fermenter avec de la levure de bière l'infusion de glands préalablement privée de tannin par la chaux. On détruit ainsi beaucoup de sucre fermentescible qui entrave la cristallisation de la quercite.

5° **Urée.**

J'ai obtenu un sous-chlorhydrate d'urée, en ajoutant à deux équivalents d'urée un équivalent d'acide chlorhydrique, et abandonnant la solution sous une cloche avec de la chaux. C'est un beau sel, cristallisant en longues lames parallèles et accolées. Il est peu déliquescent. Séché dans le vide, 0^{gr} 797 ont donné 0^{gr},727 de chlorure d'argent ; c'est en cent parties 23,19 d'acide chlorhydrique. La formule $2 (C^3 H^8 N^4 O^2) Cl^2 H^2$ demande 23,32 de $H Cl$. Par le même procédé on n'obtient pas de sous-nitrate. L'urée et le nitrate cristallisent séparément.

6º **Acide urique**.

L'acide urique forme, comme on le sait, avec l'acide sulfurique une combinaison cristalline. M. Gerhardt, dans son Traité de chimie organique, donne pour formule à ces cristaux $C^{10} H^8 N^8 O^6 + 8 (S O^3 H^2 O)$. J'ai depuis longtemps analysé le sulfate d'acide urique, et mon analyse ne s'accorde pas avec la formule ci-dessus. Je dirai en deux mots comment j'ai préparé cette combinaison, qui varie peut-être avec les circonstances de sa préparation. Dans un tube éprouvette, fermé par un bouchon et contenant de l'acide sulfurique chauffé à 100° degrés environ, on ajoute peu à peu de l'acide urique jusqu'à ce qu'il cesse de se dissoudre. On bouche le tube et on le laisse refroidir lentement dans un bain d'eau chaude. Il se forme ainsi une masse cristalline surmontée d'une eau mère brune. On décante cette eau mère, et on la remplace par un volume équivalent de nouvel acide sulfurique. On chauffe doucement jusqu'à dissolution des cristaux, et on fait refroidir lentement. On obtient alors des cristaux limpides, incolores et assez souvent isolés. On décante l'eau mère, on détache les cristaux du tube, et on les met rapidement dans le vide entre deux plaques poreuses. Au bout de douze heures, ils sont prêts pour l'analyse. J'ai obtenu comme moyenne de deux analyses concordantes :

$$\begin{array}{ll} \text{Acide urique} & 36.99 \\ S\ H^2\ O^4 & 62.88 \\ \hline & 99.87 \end{array}$$

La formule $C^{10}\ H^8\ N^8\ O^6 + 6\ (S\ O^3\ H^2\ O)$ demande : acide urique 36,36 et acide sulfurique 63,64.

XVII

Etudes sur les dérivés de l'acide nitrotartrique. par M. V. Dessaignes (1).

« J'ai fait connaitre un acide nouveau qui prend naissance par la décomposition spontanée de l'acide nitrotartrique au sein de l'eau. Cet acide, que je nommerai *acide tartronique*, et qui a pour formule $C^6\ H^8\ O^{10}$, chauffé à 160 degrés, fond et dégage une grande quantité d'acide carbonique, accompagné d'une odeur acide particulière. En élevant la température à 180 degrés, et la maintenant à ce degré jusqu'à ce que le dégagement

(1) Comptes rendus des séances de l'Académie des Sciences. T. XXXVIII, p. 11. 9 janvier 1854.

du gaz soit presque nul, il reste dans la cornue une matière visqueuse peu colorée, qui se solidifie et devient cassante après deux ou trois jours. Je l'ai broyée, lavée à l'eau chaude, séchée rapidement entre des feuilles de papier, puis dans le vide. C'est alors une poudre blanche, presque sans saveur, insoluble dans l'eau froide, très peu soluble dans l'eau chaude. Elle fond vers 180 degrés, en ne perdant pas d'eau. Je l'ai dissoute dans une solution chaude de potasse, jusqu'à neutralisation. Il se forme ainsi un sel de potasse qui ne précipite aucun sel métallique, excepté le nitrate d'argent. Le précipité, qui est floconneux, cristallise ensuite spontanément. Il se dissout dans l'eau chaude. Si l'on chauffe trop fort ou trop longtemps, la liqueur noircit par la production d'argent réduit; mais, en filtrant et laissant refroidir lentement une dissolution un peu étendue, on obtient des cristaux assez gros, transparents, brillants, incolores, quelquefois un peu gris. Ce sel, séché dans le vide, a été brûlé par l'oxyde de cuivre et l'oxygène.

« I. $0^{gr},6505$ ont donné CO^2, $0^{gr},303$, et Aq, $0^{gr},129$.

« II. $0^{gr},645$ calcinés ont laissé $0^{gr},362$ d'argent.

« III. $0^{gr},345$ ont laissé $0^{gr},193$ d'argent.

	I	II	III	Calcul	
C....	12,70	»	»	C^4....	12,50
H....	2,20	»	»	H^8....	2,08
O....	»	»	»	O^7....	29,17
Ag...	»	56,12	55,91	Ag....	56,25
					100,00

« Ce sel est hydraté, et sa formule est $C^4 H^0 O^5, AgO, H^2 O$. En effet, chauffé à 100 degrés, il devient opaque, légèrement rougeàtre, et perd 4,79 pour 100 d'eau. Le calcul demande 4,68. Le même sel déshydraté a été analysé : $0^{gr},495$ ont produit CO^2, $0^{gr},240$, et Aq, $0^{gr},083$, ou, pour 100, C, 13,22 ; H, 1,86. Calcul : C, 13,11 ; H, 1,64.

« J'ai isolé, par l'acide chlorhydrique, l'acide contenu dans ce sel d'argent. Par l'évaporation dans le vide de la liqueur filtrée, j'ai obtenu une masse de cristaux plats, dont la surface est une lame cristalline marquée de stries quelquefois courbes. Cet acide, séché dans le vide, a été analysé : $0^{gr},318$ ont donné CO^2, $0^{gr},369$, et Aq, $0^{gr},151$.

Expérience		Calcul	
C....	31,64	C^4....	31,58
H...	5,27	H^8....	5,26
		O^6....	63,16
			100,00

« Cet acide a donc la composition de l'acide glycollique, extrait du sucre de gélatine ; je crois même qu'il lui est tout à fait identique. L'acide glycollique, tel que M. Strecker l'a obtenu, refuse de cristalliser ; mais, sans doute, il n'est pas pur. J'avais conservé de mon travail sur le sucre de gélatine, que les publications faites en Allemagne m'ont forcé d'interrompre, quelques grammes de cet acide. Je l'ai neutralisé et précipité par le nitrate argentique. Le précipité, qui est floconneux, cristallise peu à peu ; je l'ai dissous dans l'eau chaude, et j'ai fait digérer le tout dans une étuve à une douce chaleur. La liqueur était noircie par une notable quantité d'argent réduit. Filtrée chaude, elle a donné naissance à de beaux cristaux incolores et brillants, semblables par leur forme à ceux dont je viens de faire connaître la composition. Ces cristaux séchés dans le vide, puis calcinés, ont laissé 56,03 pour 100 d'argent. De plus, j'en ai isolé l'acide par l'acide chlorhydrique. Cet acide cristallise très bien dans le vide, et ressemble entièrement à l'acide que j'ai extrait de l'acide tartronique; il en a aussi la composition. $0^{gr},3085$ d'une préparation séchée dans le vide ont donné CO^2 $0^{gr},358$; Aq, $0^{gr},152$, ou, en 100 parties, C, 31,56; H, 5,45; calcul: C, 31,58; H, 5,26. L'acide glycollique pur cristallise donc très bien dans le vide, mais il est déliquescent.

« La matière insoluble provenant de la distillation sèche de l'acide tartronique, est probablement à l'acide glycollique ce que le lactide est à l'acide lactique. Cette matière bien lavée est sans saveur, mais en séchant elle prend un léger goût acide, ce que j'attribue à une hydratation partielle. Il ne m'a pas été possible d'obtenir ce corps exempt d'eau, même en le faisant fondre à 180 degrés, et les analyses que j'ai faites, quoique concordantes, ne s'accordent pas entièrement avec la formule $C^4 H^4 O^4$ que j'attribue à ce corps. J'ai obtenu :

	I		II		Calcul
C....	40,40		40,39	C^4....	41,38
H....	3,77		3,80	H^4....	3,45
O....	»		»	O^4....	55,17
					100,00

« Cette matière, qu'on pourra donc appeler *glycollide,* s'hydrate entièrement dans un très long séjour dans l'eau chaude. On obtient ainsi un acide incristallisable qui, neutralisé par un alcali et précipité à chaud par le nitrate d'argent, donne des cristaux de glycollate argentique. En effet, ces cristaux, lavés, séchés dans le vide et calcinés, ont donné 56,18 pour 100 d'argent. En outre, décomposés par l'acide chlorhydrique, ils produisent un acide cristallisé, en tout semblable à l'acide glycollique.

« J'ai obtenu aussi la glycollamide, qui n'est pas le sucre de gélatine, mais qui en a exactement la composition, comme la lactamide est isomère de l'alanine. Chauffe-t-on au bain d'huile le bitartronate d'ammoniaque sec, il fond vers 150 degrés, et dégage en bouillonnant une grande quantité d'acide carbonique. Au bout de quelque temps, le dégagement gazeux se ralentit beaucoup. Si l'on interrompt alors l'opération, on a un sirop épais, incolore, déliquescent, qui est un sel ammoniacal, probablement du glycollate. Continue-t-on à chauffer une heure ou deux, le col de la cornue se tapisse de cristaux de carbonate d'ammoniaque; le résidu se prend cette fois, par le refroidissement, en une masse cristalline un peu brune. J'ai retiré de cette masse, par des cristallisations réitérées, de beaux cristaux incolores, d'un corps très soluble dans l'eau, peu soluble dans l'alcool, ayant une saveur fade et légèrement douce. Il grimpe souvent en cristallisant, et présente alors les ramifications qui caractérisent le sel ammoniacal. La solution de ce corps ne pré-

cipite ni le chlorure de platine, ni aucun sel métallique. Elle est légèrement acide au papier réactif. Par la potasse à froid elle répand une faible
odeur de lessive ; mais, en chauffant, l'ammoniaque se dégage avec abondance. La glycollamide
se produit encore en dissolvant le glycollide, dans
l'ammoniaque, à l'aide de la chaleur.

« I. 0^{gr},527.5 de glycollamide préparée par le bitartronate d'ammoniaque et séchée dans le vide
ont donné CO^2, 0^{gr},623 ; Aq, 0^{gr},328.

« 0^{gr},406 du même produit, par la méthode de
M. Péligot, ont donné 0^{gr},074 d'azote.

« II. 0^{gr},575 de glycollamide préparée avec le
glycollide et l'ammoniaque, ont donné CO^2, 0^{gr},673
et Aq, 0^{gr},348. De plus, 0^{gr},357 du même produit
ont donné 0^{gr},0646 d'azote.

	I	II	Calcul	
C....	32,21	32,00	C^4....	32,00
H....	6,91	6,72	H^{10}...	6,66
N....	18,09	18,47	N^2....	18,66
O....	»	»	O^4....	42,68
				100,00

« J'ai chauffé la *glycollamide* avec une solution bouillante de potasse jusqu'à cessation de
toute odeur ammoniacale. J'ai neutralisé la liqueur
par l'acide nitrique, et l'ai précipitée par le nitrate d'argent. J'ai obtenu ainsi de beaux cristaux
de glycollate argentique qui, calcinés, ont laissé
58,26 d'argent pour 100. De ce sel d'argent j'ai
également retiré de l'acide glycollique en cristaux.

« Il me paraît probable que l'acide homolacti-
que de M. Cloez est de l'acide glycollique impur.

J'ai obtenu une fois le glycollate argentique en lames flexibles, semblable à l'homolactate d'argent anhydre; mais ces lames lavées sont devenues opaques, et ont reproduit le glycollate d'argent hydraté en cristaux grenus.

« La production des corps que je viens de décrire s'exprime par les équations suivantes :

$$C^6 H^8 O^{10} = C^4 H^4 O^4 + C^2 O^4 + H^4 O^2$$
Ac. tartronique   Glycollide

$$C^4 H^4 O^4 + KO, H^2O = C^4 H^6 O^5, KO,$$
Glycollide   Glycollate potassique

$$C^6 H^8 O^{10}, N^2 H^6 = C^4 H^{10} N^2 O^4 + C^2 O^4 + H^4 O^2,$$
Bitartronate am.   Glycollamide

$$C^4 H^4 O^4 + N^2 H^6 = C^4 H^{10} N^2 O^4$$
Glycollide   Glycollamide.

XVIII

Recherches sur quelques produits de transformation de la créatine, par M. DESSAIGNES (1).

« L'oxyde de mercure, chauffé avec une dissolution aqueuse de créatine ou de créatinine, at-

(1) Comptes rendus des séances de l'Académie des Sciences. T. XXXVIII, p. 839. 8 mai 1854.

taque ces deux corps. La liqueur exhale un e odeur propre aux produits de la distillation sèche de la créatine, et que M. Chevreul a comparée à celle du phosphore. Elle dégage de l'acide carbonique, sans aucune trace d'ammoniaque ; l'oxyde de mercure se réduit en partie. Le produit principal de la réaction consiste en un corps cristallin, que j'ai annoncé, il y a quelque temps, être un alcaloïde nouveau, à raison de sa réaction alcaline. J'ai repris l'examen de cette matière ; les cristaux obtenus avec la créatinine ne sont pas homogènes. Par l'emploi de l'alcool et des cristallisations réitérées, j'ai fini par obtenir : 1° des cristaux peu solubles dans l'eau, encore moins dans l'alcool, neutres au papier, s'effleurissant à 100 degrés, et qu'à tous leurs caractères j'ai reconnus pour de la créatine ; 2° une plus grande quantité de prismes aplatis, accolés parallèlement et imbriqués. La créatine, par un excès suffisant d'oxyde mercurique, a produit seulement les seconds cristaux.

« Cette matière est très soluble dans l'eau ; elle a une saveur désagréable ; elle devient opaque à 100 degrés, en perdant de l'eau. Chauffée sur la lame de platine, elle exhale la même odeur que la créatine ; elle bleuit faiblement le papier de tournesol. Avec la potasse à froid, elle ne dégage aucune odeur ammoniacale ; elle précipite les chlorures barytique et calcique, le nitrate d'argent et l'acétate de plomb. Ce dernier précipité, lavé et décomposé par l'hydrogène sulfuré, m'a donné de l'acide oxalique. Ce que j'avais pris pour un alcaloïde est donc l'oxalate d'une base forte. J'ai isolé cette base en chauffant son oxalate avec un lait de chaux pure, en très faible excès, et en filtrant. Par l'évaporation dans le vide, j'ai obtenu une matière incolore, à surface cristalline, ce qui est peut-être dû à ce que cet alcali a absorbé de l'acide carbonique, qu'il attire fortement. Il est aussi déliquescent; il a une saveur très caustique et en même temps ammoniacale. Chauffé sur la lame de platine, il se volatilise presque entièrement, avec une forte odeur de créatine brûlée; il chasse, à froid, l'ammoniaque de sels ammoniacaux; il précipite abondamment les chlorures barytique et calcique. Le précipité est soluble dans beaucoup d'eau, et aussi dans l'acide acétique faible et sans effervescence. Il précipite le sulfate aluminique et le chlorure ferrique, et les précipités se redissolvent dans un excès du précipitant. Il précipite le nitrate d'argent en blanc un peu jaune; il dissout l'oxyde et le chlorure d'argent. Il précipite encore les sels de mercure, de plomb et de cuivre.

« Avec l'oxalate de cet alcali et les chlorure, nitrate et sulfate calciques, il est facile de préparer des sels cristallisés et à réactions faiblement alcaline. Par le chlorhydrate et le chlorure de platine, en solutions concentrées, on obtient, au bout de quelque temps, de superbes rhomboèdres orangés, d'un sel double, qui, redissous et cristallisés par refroidissement, se présentent souvent en prismes plats et accolés parallèlement; les eaux mères colorées, provenant de la préparation de l'oxalate, sont très alcalines au papier. Dépouillées d'acide oxalique par le chlorure de calcium, elles donnent par le chlorure de platine une notable quantité de sel double dont je viens de parler.

« L'oxalate préparé avec la créatine a perdu à 100 degrés, 13,25 pour 100 d'eau; le même sel a donné de l'oxalate de chaux séché à 100 degrés, représentant 38,41 pour 100 de C^2 H^2 O^4. Par la combustion avec l'oxyde de cuivre et l'oxygène, d'une part, avec la chaux sodée de l'autre, j'ai trouvé que le même sel séché à 100 degrés contient :

$$C.... \quad 30,90$$
$$H.... \quad 6,93$$
$$N.... \quad 35,05$$

« L'oxalate provenant de la créatinine a perdu à 100 degrés, 13,34 pour cent d'eau. Séché à 100 degrés, il renferme, en cent parties :

$$C.... \quad 30,98$$
$$H.... \quad 7,27$$
$$N.... \quad 35,43$$

« L'oxalate hydraté, suivant la formule :

$$C^4\ H^{14}\ N^6,\ C^2\ H^2\ O^4,\ H^4\ O^2,$$

doit perdre à 100 degrés, 13,23 d'eau, et contient 38,14 d'acide oxalique monohydraté. Le sel séché à 100 degrés, pour la formule

$$C^4\ H^{14}\ N^6,\ C^2\ H^2\ O^4$$

doit contenir :

$$C.... \quad 30,50$$
$$H.... \quad 6,77$$
$$N.... \quad 35,59$$

« J'ai fait aussi l'analyse complète du chloplatinate séché dans le vide.

Expérience		Calcul	
C....	8,77	C^4....	8,60
H...	3,03	H^{16}...	2,87
N...	14,85	N^6...	15,05
Cl...	38,71	Cl^6...	38,18
Pt...	35,19	Pt....	35,30
			100,00

« La composition de cette base remarquable est donc représentée par la formule C^4 H^{14} N^6. Quelle en est la constitution? De même que la créatine peut se représenter par de l'urée et de la sarcosine conjuguées avec élimination d'eau, de même la base nouvelle semble être de l'urée et de la méthylamine conjuguées avec élimination d'eau. En effet,

$$C^4 H^{14} N^6 + H^4 O^2 = C^2 H^8 N^4 O^2 + C^2 H^{10} N^2.$$

« Cette base, qu'on pourrait appeler méthyluramine, chauffée avec une solution de baryte, se décompose en dégageant de l'ammoniaque accompagnée d'une odeur de marée. Le chloroplatinate calciné exhale l'odeur de la triméthylamine. La sarcosine peut se représenter par du glycollate de méthylamine, moins de l'eau, et elle est sans doute à la méthylamide glycollique ce que le sucre de gélatine est à la glycollamide. Ce sont les éléments de l'acide glycollique qui, dans la créatine, sont oxydés par l'oxyde de mercure, de manière à produire de l'acide oxalique, de l'acide carbonique et de l'eau, comme l'exprime l'équation :

$$C^8 H^{16} N^6 O^4 + O^5 = C^4 H^{14} N^6, C^2 H^2 O^4 + C^2 O^4 + H^2 O.$$

« J'ai tenté aussi de jeter quelque jour sur la constitution de la créatine en la soumettant à l'action de l'acide nitreux, et cette recherche m'a mis à même de reconnaitre, dans ce corps intéressant, un caractère qui a échappé à M. Liebig dans son beau travail. La créatine diffère, il est vrai, du sucre de gélatine et autres corps analogues par son inaptitude à se combiner aux oxydes métalliques, mais elle s'en rapproche en ce qu'elle s'unit aux acides en formant de belles combinaisons cristallines, à réaction fortement acide. Fait-on passer un courant rapide de gaz nitreux dans de l'eau tenant un excès de créatine non dissoute, elle se dissout assez promptement, puis il parait une grande quantité de petits cristaux brillants. Ces cristaux, qu'il est facile d'obtenir en gros prismes courts par dissolution dans l'eau tiède et refroidissement, consistent en nitrate de créatine. Leur solution, qui est très acide au goût, est précipitée abondamment par l'ammoniaque. Le précipité, dissous dans l'eau chaude, donne par refroidissement de petits prismes qui s'effleurissent à 100 degrés, et dont la solution, neutre au papier, ne précipite ni le chlorure mercurique, ni le chlorure de zinc, ni le nitrate d'argent. Ces prismes, séchés à 100 degrés et analysés, m'ont donné, en cent parties :

$$
\begin{array}{ll}
\text{C} \ldots & 36,77 \\
\text{H} \ldots & 7,13 \\
\text{N} \ldots & 32,18 \\
\end{array}
$$

« Or, la créatine anhydre contient :

$$C.... \quad 36,64$$
$$H.... \quad 6,87$$
$$N.... \quad 32,06$$

« J'ai de plus dosé l'acide nitrique du nitrate de créatine, et j'ai obtenu, pour cent parties, 32,36 d'acide nitrique monohydraté. La formule

$$C^8 \ H^{18} \ N^6 \ O^4, \ N^2 \ H^2 \ O^6$$

exige 32,47 de $N^2 \ H^2 \ O^6$. J'ai enfin produit la même combinaison en dissolvant $1^{gr},057$ de créatine cristallisée dans de l'acide nitrique titré que contenait $0^{gr},447$ de $N^2 \ H^2 \ O^6$, et en évaporant à 30 degrés. Les cristaux étaient homogènes et pesaient $1^{gr},373$. D'après le calcul, ils devaient peser $1^{gr},376$. Le sulfate et le chlorhydrate de créatine sont de beaux prismes, plus solubles que le nitrate, comme lui non déliquescents, et que l'on peut obtenir par combinaison directe avec des acides titrés et en évaporant à 30 degrés, ou dans le vide. J'en ai séparé de la créatine exempte de toute trace de créatinine ; je les ai aussi dosés par synthèse, et ils ont pour formule

$$C^4 \ H^{18} \ N^6 \ O^4, \ SH^2 \ O^4$$

et $\quad C^4 \ H^{18} \ N^6 \ O^4, \ Cl^2 \ H^2$.

« La solution de nitrate de créatine traversée par un courant de vapeur nitreuse dégage beaucoup de gaz ; mais la réaction, quelque prolongée qu'elle ait été, n'a pas donné naissance à un

acide exempt d'azote. En neutralisant le produit
par la potasse, séparant la majeure partie du nitre par la cristallisation, puis ajoutant du nitrate d'argent, on obtient des cristaux solubles
dans l'eau chaude, et qui, après plusieurs cristallisations, se présentent sous la forme de longues aiguilles blanches, jaunissant un peu à la
lumière. Ce sel est une combinaison de nitrate
d'argent et d'un alcaloïde nouveau. Calciné, il
dégage une odeur de marée; il contient, en cent
parties:

$$C\dots\quad 16,29$$
$$H\dots\quad 2,37$$
$$Ag\dots\quad 47,97$$

ce qui peut se représenter par la formule

$$C^6\ H^{10}\ N^2,\ N^2\ Ag\ O^6$$

« Ce sel, décomposé par l'acide chlorhydrique
sans excès, m'a donné le nitrate de l'alcaloïde
qu'il contient. Ce nitrate cristallise en masse fi-
breuse ou en petits prismes; il est très acide
au goût. Avec le chlorure mercurique, il produit
de longues aiguilles d'un sel double, d'où il sera
possible d'isoler la base organique; mais, pour
poursuivre l'étude de cette base, je dois atten-
dre de m'être préparé une nouvelle quantité de
créatine. »

XIX

Nouvelles recherches sur la méthylura-mine et sur ses dérivés, par M. V. Des-saignes (1).

« Dans une note que j'ai eu l'honneur de pré-senter à l'Académie il y a environ deux ans, j'ai fait connaître, sous le nom de *méthyluramine*, une base très forte qui se produit par l'action de l'oxyde de mercure sur la créatine et sur la créa-tinine. Cet alcali, dont la formule est $C^4 H^{14} N^6$, peut être considéré comme une combinaison in-time d'urée et de méthylamine avec élimination d'eau. La créatine, à son tour, peut se représen-ter par du glycollate de méthyluramine, moins de l'eau, et la sarcosine, qui en dérive, serait donc l'amide glycollique de la méthylamine. Si cette vue sur la constitution de ces corps est exacte, on doit pouvoir en extraire facilement de la méthylamine. C'est effectivement ce que j'ai trouvé.

« Les sels de méthyluramine, chauffés avec une dissolution de potasse, dégagent d'abondantes vapeurs alcalines, que j'ai recueillies dans l'acide chlorhydrique. J'ai évaporé le mélange salin ainsi

(1) Comptes rendus des séances de l'Académie des Scien-ces. T. XLI, p. 1258. 31 décembre 1855.

obtenu, et par l'alcool anhydre j'en ai séparé la plus grande partie du sel ammoniac. Le sel soluble dans l'alcool cristallise en lames brillantes. J'ai préparé le chloroplatinate, que j'ai purifié par plusieurs cristallisations ; pour obtenir la méthylamine avec la créatine, j'ai chauffé celle-ci avec de la chaux sodée ; j'ai préparé et purifié le sel de platine comme précédemment. La sarcosine, par le même procédé, laisse aussi dégager de la méthylamine ; mais je l'ai obtenue, en outre, à l'aide d'une autre réaction qui est d'une netteté remarquable.

« Le sulfate de sarcosine, dissous dans l'eau et chauffé avec du peroxyde de plomb, se décompose avec une vive effervescence ; la liqueur prend une réaction alcaline, et dégage une odeur étourdissante particulière ; il se forme un sulfate qui a été décomposé par le chlorure barytique, et le chlorhydrate a été mélangé avec le chlorure de platine. Le chloroplatinate cristallise en petites tables hexagonales très brillantes et d'une grande pureté.

« Enfin, la créatine oxydée par l'acide nitrique, à chaud, donne naissance à de l'ammoniaque et aussi à un alcali déjà signalé par M. Chevreul, qui ne l'a pas analysé. Cet alcali est encore de la méthylamine, mais le chloroplatinate obtenu par cette méthode est difficile à séparer entièrement du sel de platine et d'ammoniaque qui l'accompagne.

« Voici les résultats analytiques qui confirment les données précédentes :

	I	II	III	IV	Calcul	
C....	5,20	4,82	4,67	»	C^2....	5,06
H....	2,81	2,70	2,74	»	H^{12}...	2,53
N....	5,43	5,42	5,15	»	N^2....	5,90
Pt...	41,22	41,26	41,80	41,96	Pt....	41,56
Cl...	44,93	»	»	»	Cl^6....	44,93

« I a été préparé par la sarcosine et Pb O^2, II par la méthyluramine et la potasse, III par la créatine et l'acide nitrique, IV par la créatine et la chaux sodée.

« L'oxyde puce de plomb oxyde la créatine par l'addition de l'acide sulfurique; en chauffant, cet acide est peu à peu saturé. Le sulfate ainsi formé a été converti en chlorhydrate, et celui-ci en chloroplatinate, qui cristallise en beaux prismes orangés. Ce sel analysé a donné les résultats suivants :

C....	8,88	C^4....	8,60
H....	2,96	H^{16}...	2,87
N....	14,35	N^6...	15,05
Pt....	34,77	Pt....	35,30
Cl....	38,06	Cl^6...	38,18

« La formule calculée est celle du chloroplatinate de méthyluramine; l'oxalate cristallisé s'effleurit à 100 degrés et perd 12,95 pour 100 d'eau; en outre la base que j'ai isolée m'a offert toutes les propriétés de la méthyluramine. Cependant je dois dire que, malgré des cristallisations réitérées, je n'ai pu obtenir le chloroplatinate et l'oxalate avec les mêmes formes apparentes que les sels correspondants de la méthyluramine préparée avec l'oxyde de mercure.

« Une solution aqueuse de créatinine, traversée par un courant de gaz nitreux, fait effervescence, et ne tarde pas à brunir, puis à se troubler ; il s'y forme, au bout de quelques heures, un dépôt abondant de cristaux petits, confus et un peu jaunâtres, qui, à la longue et humectés de leur eau mère, se convertissent en gros cristaux. C'est le nitrate d'une nouvelle base très faible. L'eau seule décompose particllement les sels de cette base qu'on veut y dissoudre. L'ammoniaque affaiblie, ajoutée jusqu'à saturation, précipite une poudre blanche et amorphe, très insoluble dans l'eau. Cette base, bien lavée et séchée, est une masse cohérente, légère, friable, et dont la poudre est douce au toucher et électrique par le frottement. Elle est absolument insipide. Elle se dissout dans les acides étendus, à l'aide d'une douce, chaleur, et donne par refroidissement des sels bien cristallisés et peu solubles. Le chlorhydrate se présente sous la forme de prismes courts et fortement striés. Le chloroplatinate, qui est bien soluble, cristallise aussi en gros cristaux. Voici les chiffres que m'a donnés l'analyse de ces deux sels et de la base libre :

I		Calcul		II		Calcul	
C...	34,46	C^{12}...	33,64	C...	25,18	C^{24}...	24,40
H...	5,24	H^{20}...	4,67	H...	5,50	H^{58}..	4,90
N...	38,14	N^{12}...	39,25	N...	27,45	N^{24}..	28,40
		O^{6}....	22,44	O...	»	O^{13}...	24,40
				Cl..	17,95	Cl^{6}...	17,90

III		Calcul	
C...	13,06	C^{24}...	13,09
H...	2,83	H^{58}...	2,63
N...	»	N^{24}...	15,27
O...	»	O^{18}...	13,09
Pt...	26,34	Pt^{3}...	26,86
Cl...	29,31	Cl^{18}..	29,04

« Le chlorhydrate est un sesquichlorhydrate hydraté :

$$2\ (C^{12}\ H^{20}\ N^{12}\ O^6)\ 3\ (H^2\ Cl^2) + 6\ Aq.$$

« Le sel de platine est un sesquichloroplatinate hydraté. La composition peu ordinaire de ces sels peut laisser quelques doutes sur la formule que je donne à leur base, et je me propose de les éclaircir ultérieurement. Il me reste cependant à faire connaître une métamorphose de ce corps qui semble confirmer la composition que je lui attribue.

« L'alcaloïde nouveau, chauffé à 100 degrés avec un excès d'acide chlorhydrique, se décompose facilement. Les produits de la réaction sont : de l'acide oxalique, du sel ammoniac et un corps cristallisant en long prismes brillants ou en feuillets, se dissolvant lentement dans l'eau froide à la surface de laquelle il nage facilement, bien soluble dans l'eau chaude et un peu dans l'éther, doué d'une saveur désagréable, comme métallique, fusible, volatil sans décomposition, brûlant avec flamme et sans résidu, présentant une faible réaction acide au papier, ne précipitant point les sels de chaux, de baryte, de plomb, de cuivre, de zinc, ni le chlorure mercurique, ni le nitrate d'argent en solution étendue. Ce corps offre donc les caractères de la substance découverte par M. Liebig, et qui accompagne en petite quantité la sarcosine. A la description qu'en donne ce célèbre chimiste, je n'ajouterai pour le moment qu'un détail. Ce corps en solution un peu concentrée précipite le nitrate argentique et le nitrate mercureux. En voici l'analyse:

C....	37,61	C^8....	37,50
H....	3,69	H^8....	3,12
N....	21,57	N^4....	21,87
O....	»	O^6....	37,51

« On peut exprimer, ainsi qu'il suit, les relations qui existent, d'une part, entre la créatinine et la base insoluble, de l'autre, entre cette même base et le corps de M. Liebig:

« Deux équivalents de créatinine

$$C^{16} H^{28} N^{12} O^4 + O^{14} = C^{12} H^{20} N^{12} O^6 + C^4 O^8 + H^8 O^4,$$

la base insoluble

$$C^{12} H^{20} N^{12} O^6 + H^{16} O^8 = C^8 H^8 N^4 O^6 + N^8 H^{24} + C^4 H^4 O^8.$$

« Dans la réaction de la vapeur nitreuse sur la créatine, il se forme une petite quantité de poudre blanche, dont j'ai reconnu l'identité avec la base précédente, à ce que chauffée à 100 degrés avec de l'acide chlorhydrique, elle a produit le corps de M. Liebig. J'ai obtenu enfin ce même corps, en évaporant, sous une cloche et sur la chaux, l'eau mère acide d'où les cristaux du nitrate de la nouvelle base avaient été séparés. »

XX

Transformation de divers acides organiques due à une action de présence ;
Lettre de M. DESSAIGNES (1).

« Le fait intéressant, communiqué par M. Berthelot, du dédoublement de l'acide oxalique par la chaleur en présence de la glycérine, m'a rappelé plusieurs observations qui, sans présenter le même intérêt pratique, se rattachent aussi à ce que l'on a appelé action de présence, et je vous prie de me permettre de les faire connaître brièvement à l'Académie.

« L'acide malique, chauffé pendant quelques heures avec de l'acide chlorhydrique, se convertit en grande partie en acide fumarique, se déshydratant ainsi au sein de l'eau. L'acide citrique, traité de même, se déshydrate aussi partiellement, et il se produit de l'acide aconitique. En évaporant à siccité et chauffant le résidu avec de l'éther, on éloigne ce dernier acide, et il reste de l'acide citrique incolore et inaltéré qui, soumis de nouveau au même traitement, subit la même transformation partielle, en sorte qu'on peut ainsi le décomposer en acide aconitique et en eau, sans qu'il se produise en même temps ces matières

(1) Comptes rendus des séances de l'Académie des Sciences. T. XLII, p. 191. 18 mars 1856.

brunes et indéterminées qui accompagnent l'acide aconitique préparé par voie sèche.

« J'ai soumis à la même épreuve un acide tartrique que j'avais entièrement dépouillé d'acide racémique, par des cristallisations réitérées. Je dois dire, en effet, que je n'ai pas trouvé dans le commerce d'acide tartrique entre les cristaux duquel une dessication prolongée à 100 degrés ne m'ait permis de reconnaître des traces d'acide racémique, par l'apparition de quelques points blancs et opaques. L'acide tartrique pur, chauffé à l'ébullition pendant plusieurs jours avec de l'acide chlorhydrique, contenait alors environ 3 pour 100 d'acide racémique, qui a donc pris naissance dans cette circonstance. Le reste de l'acide tartrique était en partie non modifié, en partie changé en un acide sirupeux qui se concrète à l'étuve en présentant à sa surface l'apparence des circonvolutions du cerveau. Cet acide m'a paru bien plus stable que les modifications de l'acide tartrique obtenues par la voie sèche, mais je n'en ai pas poursuivi l'étude. »

XXI

Triméthylamine obtenue de l'urine humaine. Note de M. DESSAIGNES (1).

« L'urine humaine, malgré les nombreux travaux dont elle a été l'objet, contient sans doute

(1) Comptes rendus des séances de l'Académie des Sciences. T. XLIII, p. 670. 29 septembre 1856.

des corps qui ont échappé aux recherches des chimistes. C'est de l'un de ces corps que je demande permission d'entretenir un instant l'Académie.

« Ayant eu à évaporer de grandes quantités d'urine dans la préparation de la créatine, j'ai été frappé de l'odeur particulière que présente le carbonate d'ammoniaque qui se dégage de ce liquide concentré et bouillant, et j'ai cherché à isoler le corps auquel cette odeur pouvait appartenir. Dans ce but, j'ai distillé de l'urine ; j'ai saturé par l'acide chlorhydrique le produit de la distillation. La liqueur qui sent fortement l'ammoniaque, présente aussi une odeur de marée, qui devient surtout sensible quand on approche de la neutralisation. Quand on y ajoute de l'acide en léger excès, elle prend une couleur rougeâtre ; cette couleur est due à l'un des acides volatils signalés dans l'urine par M. Stadeler. J'ai séparé par cristallisation de grandes quantités de sel ammoniac. L'eau mère a été évaporée à siccité et le résidu repris par l'alcool absolu, puis j'ai ajouté du chlorure de platine à la solution alcoolique. Après plusieurs cristallisations, j'ai obtenu de superbes cristaux qui offrent exactement la forme du sel de platine préparé avec le *Chenopodium vulvaria*, et qui est du chloroplatinate, non de propylamine, comme je l'avais supposé dans le temps, mais de triméthylamine. Telle est aussi la composition du sel obtenu avec l'urine, comme le prouvent les nombres suivants :

Calcul		Expérience
C⁶....	13,58	13,85
H²⁰...	3,77	3,91
N²....	5,26	5,32
Cl⁶...	40,22	40,23
Pt....	37,17	37,02
	100,00	100,36

« La triméthylamine accompagne l'ammoniaque qui se dégage de l'urine bouillante en très petite quantité. En effet, 65 litres de liqueur obtenue par la distillation d'urine préalablement concentrée, m'ont fourni 2,200 grammes de sel ammoniac et seulement 17 grammes de chloroplatinate de triméthylamine répondant à $3^{gr},7$ d'alcali libre.

« Dans les eaux mères du sel de platine, j'ai obtenu quelques cristaux de même forme que ceux de triméthylamine, mais bien plus petits. Calcinés, ils laissent 41,40 pour 100 de platine et dégagent une odeur de marée. A ces caractères, il est facile de reconnaître le chloroplatinate de méthylamine.

« La triméthylamine préexiste-t-elle dans l'urine ? N'est-elle pas plutôt, de même que l'ammoniaque, le produit de la décomposition d'un autre corps par la chaleur et l'action de présence des sels minéraux ? Se forme-t-elle en plus grande abondance par la putréfaction de l'urine, comme elle se développe dans la chair des poissons avancés ? Je laisse pour le moment ces questions indécises. »

XXII

Notices pour contribuer à l'histoire de quelques corps organiques, par M. V. Dessaignes (1)

Urée.

Fourcroy et Vauquelin ont décrit sous le nom d'urée une substance cristallisée en lames carrées, minces et colorées, qu'ils obtenaient en traitant l'extrait d'urine par l'alcool chaud, filtrant et laissant refroidir. Ils n'ignoraient pas que cette substance contenait de l'ammoniaque et de l'acide chlorhydrique, mais ils laissaient indécis de savoir si c'était comme impureté ou à l'état de combinaison. Il paraît naturel de regarder ces cristaux comme formés par l'union du sel ammoniac et de l'urée.

M. Dumas admet, en effet, que ces deux corps dissous dans l'eau se combinent équivalent à équivalent; d'un autre côté, M. Werther n'a pas réussi à opérer cette combinaison. En évaporant l'urine pour préparer de la créatine, j'ai obtenu en grande quantité des cristaux dont l'examen m'a permis d'éclaircir ces contradictions.

Lorsque l'on concentre de grandes quantités d'urine, surtout en la faisant bouillir, une partie

(1) Journal de Pharmacie et de Chimie. T. XXXII, p. 37, 3ᵉ série, 1857.

de l'urée qu'elle contient se décompose. Dans ce cas, l'urine, amenée à consistance de sirop, se remplit par le refroidissement de lames cristallines un peu brunes qui sont l'urée de Fourcroy et Vauquelin. On les débarrasse de leur eau mère par décantation et pression ; et comme elles sont déliquescentes, on les purifie en les jetant sur un entonnoir et en les abandonnant quelque temps à l'air humide. Il est ainsi facile, après quelques cristallisations, de les avoir entièrement incolores et purifiées du sel marin qui les accompagne d'abord. Elles se présentent alors, tantôt sous forme de tables carrées, dont l'épaisseur peut atteindre un demi-millimètre, tantôt en longues aiguilles, très semblables à celles de l'urée pure.

J'ai analysé ces cristaux en déterminant l'acide chlorhydrique par le nitrate d'argent, l'urée par l'acide nitrique, et l'ammoniaque par le chlorure platinique.

J'ai obtenu ainsi :

	Tables	Aiguilles	Calcul
H Cl............	31,70	31,61	32,16
Urée............	49,76	50,60	52,86
Ammoniaque....	11,53	15,18	11,98
			100,00

Le calcul est établi sur la formule $C^2\ H^8\ N^4\ O^2 + N^2\ H^8\ Cl^2$.

On n'obtient pas cette combinaison en dissolvant équivalents égaux de sel ammoniac et d'urée. Il cristallise d'abord du chlorure ammonique, mais si l'on éloigne ces derniers cristaux, l'urée chloro-ammonique, se trouvant en présence d'un excès d'urée, cristallise alors. Aussi suffit-il pour l'obtenir de premier jet de dissoudre ensemble deux équivalents d'urée et un de sel ammoniac. Elle est très stable en présence d'un excès d'urée, et peut être recristallisée autant de fois qu'on le veut.

Quand elle est pure, au contraire, l'eau la décompose partiellement. La chauffe-t-on avec une quantité d'eau insuffisante pour la dissoudre entièrement, on voit paraître une poudre cristalline de sel ammoniac, l'eau mère décantée et évaporée reproduit la combinaison primitive, que l'on décompose encore par l'eau. En répétant cette opération, on finit par obtenir de gros prismes carrés, qui sont de l'urée dont la solution louchit à peine par le nitrate d'argent. J'ajouterai que le procédé le plus avantageux pour obtenir l'urée chloro-ammonique consiste à évaporer de l'urine fortement acidulée par l'acide chlorhydrique: cette combinaison d'urée chauffée au bain de sable, quand elle est sèche, donne facilement de l'acide cyanurique.

L'urée et l'acide benzoïque dissous dans l'eau ne se combinent pas. A une solution concentrée de ce même acide dans l'alcool absolu, si l'on ajoute peu à peu de l'urée en chauffant jusqu'à dissolution et en faisant refroidir à chaque fois, il vient un moment où les cristaux d'acide benzoïque sont remplacés par des agglomérations lourdes et dures des cristaux lamelleux et confus d'un aspect tout différent. Débarrassés de leur eau mère et séchés dans le vide entre deux plaques poreuses, ils ont été décomposés par l'eau, et je me suis contenté de séparer l'acide et l'urée par le filtre. J'ai obtenu ainsi : acide benzoïque 48,56 pour 100, et urée 47,66. La formule $C^{14} H^{12} O^4 + 2 (C^2 H^8 N^4 O^2)$ demande : acide 50,5 et urée 48,5.

Je n'ai pas réussi, par le même procédé, à préparer l'hippurate d'urée ; mais l'acide hippurique se dissout facilement dans l'urée en fusion. Le mélange dissous à chaud dans l'alcool absolu a produit des cristaux lamelleux qui, pressés dans du papier, se sont dissous entièrement dans l'eau. Le lendemain, de l'acide hippurique avait cristallisé dans la liqueur, qui contenait d'ailleurs de l'urée en dissolution.

J'ai aussi préparé le bimalate d'urée, qui est un sel en très beaux cristaux. Le malate neutre ne cristallise pas.

Alloxane.

L'alloxane, qu'on peut considérer comme du mésoxalate d'urée moins de l'eau, se comporte avec les sels de mercure de la même manière que l'urée et que l'allantoïne. Il ne précipite point le sublimé corrosif, mais il précipite le nitrate mercurique. Il se combine aussi directement avec l'oxyde rouge de mercure. C'est ce qui a lieu également pour l'urée, comme je l'ai fait voir quelques années avant les publications de M. Liebig sur ce sujet.

A une solution d'alloxane chauffée à 60° environ si l'on ajoute peu à peu de l'oxyde mercurique préparé par la voie humide, on le voit disparaître par l'agitation. On continue l'addition de l'oxyde jusqu'à ce qu'il se forme un peu de poudre blanche qui refuse de se dissoudre. On décante alors le liquide clair, qui dépose au bout de vingt-quatre heures une poudre blanche. Cette poudre lavée et séchée à l'air reste blanche, mais elle jaunit dans le vide et surtout chauffée à 100°. C'est une combinaison d'alloxane et d'oxyde de mercure. En effet, si on la décompose incomplètement dans l'eau par l'hydrogène sulfuré, le liquide filtré et évaporé donne de gros cristaux efflorescents, et qui précipite en bleu par le sulfate ferreux et la potasse. Si le courant de $H^2 S$ est continué, c'est l'alloxantine qui se produit.

J'ai analysé l'alloxane mercurique en le dissolvant dans l'acide chlorhydrique et précipitant le mercure par le chlorure stanneux. Le mercure, dosé avec toutes les précautions prescrites pour éviter une perte, a représenté en oxyde rouge 54,84 et 51,55 pour 100 de la matière séchée à 100 degrés. La formule $C^8 H^8 N^4 O^{10}, H^4 O^2, 2 (HgO)$ exige 54,82 pour 100 d'oxyde de mercure. Cette même matière séchée à 100°, puis abandonnée à l'air humide, blanchit rapidement, et en deux jours son poids a augmenté de 13,50 pour 100, ce qui répond à 6 équivalents d'eau.

C'est encore le même corps qui se produit lorsqu'on précipite l'alloxane par le nitrate mercurique. Dans la solution d'alloxane tiède on ajoute le sel de mercure par gouttes, jusqu'à ce que le précipité cesse de se dissoudre en l'agitant. On filtre, et par le refroidissement on ob-

tient un précipité grenu, facile à laver, et insoluble même à chaud dans son eau mère. Séché
à 100°, il jaunit. Il contient, d'après mon analyse,
55,13 pour 100 de HgO.

L'alloxantine, au contact de l'oxyde de mercure, se convertit en alloxane qui se combine ultérieurement à l'oxyde métallique.

L'alloxane, comme les amides neutres, peut
donc jouer le rôle d'un acide faible; mais il diffère de l'urée en ce qu'il ne paraît pas se combiner aux acides ni aux sels métalliques. Ainsi
je n'ai pas obtenu d'alloxane chloro-mercurique,
soit par combinaison directe, soit en dissolvant
l'alloxane mercurique dans l'acide chlorhydrique
et évaporant. De même j'ai dissous l'alloxane
dans l'acide chlorhydrique, et j'ai abandonné la
liqueur sous une cloche avec de la chaux. J'ai
obtenu des cristaux un peu confus, ne contenant
pas d'acide chlorhydrique, très acides au goût,
et dont les réactions ressemblent à celles de l'a-
cide alloxanique, et ne sont plus celles de l'alloxane. Est-ce de l'acide alloxanique? C'est ce
que je me propose de déterminer par une étude
ultérieure.

Créatine & Créatinine.

Avec l'urine concentrée et précipitée par le
chlorure de zinc, on obtient de la créatinine
chloro-zincique qui, purifiée par cristallisation et
décomposée par une des méthodes connues, donne
un mélange de créatine et de créatinine. Or la
créatine ne produit pas avec le chlorure de zinc

une combinaison peu soluble. D'un autre côté, j'ai préparé directement le sel de zinc avec de la créatinine pure ; cette combinaison décomposée en petite quantité ne reproduit que de la créatinine ; mais, décomposée un peu en grand, elle donne, comme le sel de l'urine, un mélange de créatine et de créatinine. La créatinine peut donc s'hydrater et se convertir en créatine. J'ai étudié les circonstances de cette transformation.

J'ai renfermé dans deux flacons de la créatinine, 1° avec de l'eau, 2° avec de l'ammoniaque, les deux liquides étant en quantité insuffisante pour la dissoudre. Après six mois, il s'était formé des cristaux différents de la créatinine, rares dans le premier flacon, plus nombreux dans le second. Ces cristaux s'effleurissent à 100°, n'ont point de réaction alcaline, ne précipitent point le chlorure de zinc ; ils ont en un mot tous les caractères de la créatine.

Cette transformation a lieu aussi en présence des sels neutres, et elle est irrégulièrement activée par l'action de la chaleur. Quand on décompose par l'ammoniaque le chlorhydrate bien pur de créatinine, comme pour préparer ce dernier corps, si le tout est abandonné une quinzaine de jours, la créatinine est mélangée d'une forte quantité de créatine. En préparant la créatine par la réaction de l'ammoniaque et du sulfhydrate ammonique sur la créatinine chloro-zincique, on a pour résidu des eaux mères colorées qui, évaporées, ne produisent plus que des lames minces et jaunes, qui sont de la créatine impure, qu'on ne peut purifier sous cette forme. En étendant cette eau mère avec de l'eau ammoniacale et chauffant, on convertit cette créatinine en créatine qui est colorée, mais facile à rendre pure.

On savait déjà que la créatine extraite de l'urine par le procédé de M. Liebig y était contenue à l'état de créatinine. Par ce qui précède, il était, de plus, rendu probable que, par la concentration de grandes masses d'urine neutralisée comme le prescrit M. Liebig, une partie de la créatinine devrait se changer en créatine et échapper ainsi à la cristallisation que détermine le chlorure de zinc. C'est en effet ce qui arrive. Pour me rendre compte du maximum de créatine qu'on pourrait extraire de l'urine par un procédé convenablement modifié, j'ai fait l'essai suivant sur l'urine qui m'a servi dans mes diverses préparations, et qui était un mélange d'urines du matin rendues en hiver par des jeunes gens de quinze à dix-huit ans. 200 centimètres cubes de cette urine précipitée par la chaux et le chlorure de calcium, puis filtrée, ont été acidulés par de l'acide chlorhydrique, puis évaporés dans le vide en consistance de sirop épais. On a séparé par le filtre de l'acide urique et des sels, et après avoir neutralisé par un peu d'ammoniaque, on a ajouté du chlorure de zinc. La créatinine chloro-zincique brute, mais lavée et séchée à l'air, qu'on a obtenue, pesait $0^{gr},655$, ce qui représente 327 grammes de ce même sel brut pour 100 litres d'urine. Or, en 1856, la moyenne de mes préparations en grand, par le procédé de M. Liebig non modifié, ne me donnait que 143 grammes de sel de zinc pour 100 litres d'urine. En 1857, au contraire, en concentrant l'urine à feu nu, après l'avoir précipitée par la chaux et le chlorure calcique, puis rendue acide, j'ai obtenu en grand une moyenne de 266 grammes par 100 litres d'urine.

La préexistence de la créatine dans l'urine n'est pas démontrée jusqu'à présent. Je crois qu'on en peut dire autant du liquide musculaire qui probablement ne contient que de la créatinine.

En effet, pour en retirer la créatine par simple cristallisation, il faut l'avoir rendue neutre et la concentrer par une longue action de la chaleur, ce qui a dû convertir en créatine une grande partie de la créatinine qui y préexistait. La présence de la créatine dans les liquides animaux manque donc de preuves pour le moment, faute d'une réaction caractéristique.

L'urine de veau qui est acide contient, on le sait, une notable quantité de créatinine. Cet alcaloïde existe-t-il aussi dans l'urine de vache qui est alcaline? Cette urine fortement acidifiée par l'acide chlorhydrique, puis concentrée, a été débarrassée de son acide hippurique, puis traitée par le chlorure de zinc. 10 litres environ ont produit environ 10 grammes de créatinine chlorozincique brute. Mais, comme il suffit de chauffer longtemps la créatine dans une liqueur acide pour la transformer en créatinine, cet essai ne peut décider lequel de ces deux corps préexistait dans l'urine de vache. Je dirai, à cette occasion, qu'il suffit de faire bouillir de la créatine avec du chlorure de zinc en solution même peu concentrée, pour voir se précipiter une poudre blanche de créatinine chloro-zincique.

Le chlorhydrate de créatinine se combine aussi avec le chlorure de zinc et forme de gros cristaux très solubles et acides au goût. Pour les obtenir, il suffit de dissoudre la créatinine chloro-zincique dans l'acide chlorhydrique, et d'évaporer à consistance de sirop. Je me suis assuré qu'ils contiennent du zinc, et j'ai dosé le chlore, qui pesait 32,44 pour 100 parties de sel. La formule $C^8 H^{14} N^6 O^2, H^2 Cl^2 + Cl^2 Zn$ demande 32,64 pour 100 de chlore.

Triméthylamine.

Le sang de veau extrait depuis douze heures environ de l'animal et ne présentant pas d'altération apparente, dégage une odeur prononcée d'écrevisse lorsqu'on l'agite avec un excès de lait de chaux ; cette odeur caractérise la triméthylamine en solution très étendue. J'ai coagulé au bain-marie 12 litres de sang de veau préalablement acidulé par de l'acide chlorhydrique, j'ai pressé le coagulum, mêlé la liqueur avec un léger excès de chaux et distillé ; le produit de la distillation reçu dans de l'eau contenant un peu d'acide chlorhydrique a été évaporée à siccité. Il consiste presque entièrement en sel ammoniac qui sent la morue ; je l'ai repris par l'alcool absolu pour éliminer ce dernier sel. La solution alcoolique évaporée a laissé un très faible résidu déliquescent et dégageant par la potasse une forte odeur de marée ; ce résidu traité par le chlorure de platine m'a donné trois sortes de cristaux : les moins solubles étaient le chloroplatinate d'ammoniaque ; j'ai obtenu ensuite des paillettes jaunes plus solubles qui, décomposées par un alcali, sentent fortement le tabac à priser ; et enfin des cristaux plus gros, rouges, bien solubles, que je crois être le chloroplatinate de triméthylamine. Ils se présentent, comme ce dernier sel, sous la forme de tables triangulaires dont les angles sont tronqués. Je n'en avais du reste que quelques milligrammes.

Le sang de veau, avant tout indice de putréfaction, contient donc deux alcaloïdes volatils. Néanmoins ces corps ne me paraissent être qu'un produit de décomposition. En effet, je me suis assuré que le sang du même animal, à la sortie des vaisseaux, ne dégage aucune odeur d'écrevisse par l'addition de la chaux. Il existe donc dans le sang, comme dans l'urine, un corps qui se décompose facilement et dont un des produits de dédoublement est la triméthylamine. Est-ce la triméthylurée ?

Acide hippurique.

J'ai fait connaître un mode de formation de l'acide hippurique par le contact du chlorure de benzoïle et du glycocolle zincique. J'ai depuis obtenu le même acide, en chauffant dans un tube fermé à la lampe équivalents égaux d'acide benzoïque et de sucre de gélatine. A 150° la réaction est nulle, l'acide benzoïque prend seulement une teinte rouge ; mais à 160° on voit ruisseler de l'eau dans le tube, ce qui annonce le commencement de la réaction. J'ai maintenu cette température pendant douze heures; le contenu du tube a été traité par l'eau chaude, qui a laissé, sans la dissoudre, une substance en poudre blanche, fine, légère, sans aucun goût, et que la potasse caustique dissout en partie. Cette matière réclame un nouvel examen; par le refroidissement, la liqueur a laissé cristalliser environ les trois quarts de l'acide benzoïque mis en expérience. Dans l'eau mère concentrée spontanément, j'ai obtenu un mélange d'acides benzoïque et hippurique d'où j'ai pu retirer ce dernier acide en longs prismes bien purs, que j'ai soumis à divers essais qui m'ont convaincu de leur identité avec l'acide naturel. Les dernières eaux mères ne m'ont pas paru contenir de sucre de gélatine.

M. Horsford a indiqué une réaction du sucre de gélatine qui consiste dans une coloration rouge qu'il produit en le projetant sur de la potasse en fusion. D'autres chimistes n'ont pu constater ce caractère, qui est en effet assez difficile à mettre en évidence; pour réussir, il faut que la potasse soit chauffée très peu au-dessous de son point de fusion; et de plus qu'elle soit devenue monohydratée. L'acide hippurique, avec les mêmes précautions, présente la même coloration rouge.

Malgré les nombreux et très bons procédés de préparation de l'acide hippurique qui ont été publiés dans ces dernières années, je ne crois pas inutile de dire en deux mots la méthode qui m'a permis, il y a déjà longtemps, d'obtenir facilement cet acide pur.

L'urine, après concentration suffisante, était abandonnée au repos vingt-quatre heures, puis décantée et précipitée à froid par l'acide chlorhydrique ; la masse cristalline ainsi obtenue était égouttée sur un entonnoir, puis peu à peu foulée avec une baguette de verre jusqu'à ce qu'elle eût pris une grande fermeté. C'était alors une poudre cristalline très perméable, et qui était lavée rapidement jusqu'à ce qu'elle n'eût plus qu'une légère teinte violette. L'acide ainsi lavé était complètement purifié par une seule cristallisation avec un peu de charbon animal.

Acide nitro-tartrique

L'acide nitro-tartrique, qui s'altère promptement dans l'eau, reste dissous sans décomposition dans l'alcool absolu. La solution, en s'évaporant spontanément dans une capsule à fond plat, abandonne des prismes isolés quelquefois assez gros. Voici quelques réactions de cet acide pur : avec l'acétate de potasse, il donne un précipité cristallin abondant ; il en est de même avec l'ammoniaque, ajouté progressivement. Avec le nitrate d'argent et avec l'acétate de chaux il ne se précipite rien d'abord, mais, après peu de temps, il paraît des cristaux. Le nitrate mercureux et le sous-acétate de plomb donnent un précipité floconneux. L'acétate de plomb, le chlorure mercurique, le chlorure ferrique, le sulfate de magnésie et le nitrate de cuivre, ne précipitent pas.

Pour préparer un sel neutre sans décomposition, j'ai neutralisé peu à peu par l'ammoniaque une solution d'acide pur, maintenue à la température de 0°; en ajoutant à ce sel neutre pareille quantité d'acide libre, on obtient le nitro-tartrate acide en prismes brillants.

Le nitro-tartrate neutre d'ammoniaque précipite le nitrate d'argent, le nitrate mercureux, le chlorure mercurique et le chlorure ferrique; il précipite faiblement les acétates de plomb et de chaux.

J'ai analysé l'acide pur séché dans le vide; l'azote a été déterminé par la méthode de M. Dumas.

	I	II	III	Calcul	
C....	20,51	19,98	20,17	C^8....	20,00
H....	2,18	1,84	1,81	H^8....	1,66
N....	11,10	»	»	N^4....	11,66
				O^{20}...	66,68
					100,00

Dans le sel d'argent, lavé incomplètement (il s'altère dans l'eau), pressé fortement et séché dans le vide, j'ai trouvé 46,51 pour cent d'argent, dosé sous forme de chlorure; la formule C^8 H^4 Ag^2 N^4 O^{20} $+$ 2 Aq demande 46,65 d'argent.

Le sel acide d'ammoniaque séché dans le vide où il s'altère un peu a donné à l'analyse : C $=$ 17,92 ; H $=$ 3,19 pour cent. L'ammoniaque dosée par le procédé de M. Schlœsing pesait 6,23 pour cent ; la formule C^8 H^8 N^4 O^{20}, N^2 H^6, demande C $=$ 18,67 ; H $=$ 2,72 et N^2 H^6 $=$ 6,61.

Acide nitro - racémique

Pour préparer l'acide nitro-racémique, il faut déshydrater complètement l'acide racémique, le pulvériser, le tamiser, le dissoudre rapidement dans l'acide nitrique monohydraté un peu tiède, décanter immédiatement pour éloigner l'acide non dissous et, à la liqueur, ajouter un demi-volume d'acide sulfurique. Il se produit une bouillie ferme qui séchée entre deux briques, sous une cloche, devient une masse blanche, soyeuse et légère. Cet acide brut est dissous à saturation dans l'eau tiède, on filtre, on refroidit à $0°$, et on obtient de petits prismes plus fins et plus courts que ceux de l'acide nitro-tartrique, et qui, égouttés sur le papier, prennent un aspect nacré. La dissolution aqueuse de cet acide ne tarde pas à dégager du gaz, et un des produits de sa décomposition est l'acide que j'ai appelé tartronique. Il se dissout sans se décomposer dans l'alcool absolu, et, par l'évaporation spontanée, il cristallise en petits disques formés de cristaux microscopiques. Il précipite le sous-acétate de plomb, il ne précipite ni les acétates de potasse, de chaux et de plomb, ni le nitrate d'argent; il n'exerce pas d'action sur la lumière polarisée. L'acide nitro-tartrique, au contraire, possède le pouvoir rotatoire (ces deux observations sont dues à M. Chautard). Enfin son sel d'ammoniaque traité par le sulfhydrate d'ammoniaque régénère de l'acide racémique, et non de l'acide tartrique.

Acide benzo-tartrique

J'ai chauffé à $150°$, dans un tube fermé à la lampe, un mélange en proportions équivalentes des acides tartrique et benzoïque. Ils fondent d'abord sans se mêler, et finissent par produire un seul liquide coloré en brun.

J'ai dissous le tout dans l'eau chaude; par le refroidissement il a cristallisé une grande partie de l'acide benzoïque qui ne s'était pas combiné. L'eau mère a été évaporée à siccité, et le résidu a été incomplètement dissous dans une solution concentrée de carbonate de soude. A la liqueur filtrée et décolorée par un peu de charbon, on a ajouté un léger excès d'acide chlorhydrique. Au bout de quelque temps, il s'est formé des tubercules composés de cristaux microscopiques, et dont l'apparence n'a pas été changée par des cristallisations subséquentes. C'est un acide dont les caractères sont intermédiaires entre ceux des acides qui l'ont formé. Il est plus soluble dans l'eau froide que l'acide benzoïque, mais il l'est moins dans l'alcool; sa solution aqueuse chauffée n'a pas d'odeur. Soumis à la température où l'acide benzoïque fond et se sublime, il reste sans altération. Par une plus forte chaleur, il fond et répand des vapeurs qui se condensent sur un corps froid en paillettes brillantes qui sont de l'acide benzoïque pur; la masse qui reste après le dégagement de ces vapeurs brunit et exhale l'odeur qui caractérise l'acide tartrique surchauffé.

Le nouvel acide en solution saturée à froid ne précipite pas le chlorure ferrique; il le précipite faiblement, si la solution est saturée à chaud. Il ne donne pas de précipité avec l'eau de chaux ajoutée à saturation, il ne précipite pas le nitrate d'argent, il précipite faiblement l'acétate de plomb en solution concentrée ; il donne des cristaux avec l'acétate de potasse neutralisé par l'ammoniaque ; il donne un faible précipité jaune pâle avec le chlorure ferrique, et ne précipite pas le chlorure de calcium.

Dans une solution saturée au quart par l'ammoniaque, le nitrate d'argent détermine un précipité qui se redissout d'abord. Par le repos il se dépose une poudre blanche qui ne se redissout plus, même en chauffant. Ce sel lavé et séché m'a donné par la calcination 46,35 p. 100 d'argent. La formule $C^{22} H^{16} Ag^2 O^{14}$ en demande 46,15. Cet acide est donc l'acide benzo-tartrique. En effet $C^{14} H^{12} O^4 + C^8 H^{12} O^{12} - H^4 O^2 = C^{22} H^{20} O^{14}$.

Acide malique

L'acide malique chauffé avec de l'acide chlorhydrique se déshydrate facilement, et forme de l'acide fumarique. J'ai tenté la transformation inverse avec le même réactif. Je me suis d'abord assuré que l'acide fumarique destiné à l'expérience, ne contenait pas une trace d'acide malique, en le faisant cristalliser plusieurs fois et en évaporant les eaux mères qui n'ont produit que des cristaux homogènes et non déliquescents. Cet acide a été renfermé avec un excès d'acide chlorhydrique concentré dans un tube fermé à la lampe, et je l'ai chauffé au moins cent quarante heures à 100°. J'ai ensuite évaporé le tout à siccité, repris par un peu d'eau et éloigné autant que possible l'acide fumarique. La dernière eau mère était un sirop déliquescent dont une portion, séchée à 100°, a fondu facilement dans un tube, et s'est convertie en acide fumarique par la distillation sèche.

L'autre portion a été à demi saturée par l'ammoniaque, et j'en ai retiré du bifumarate d'ammoniaque, précipitant le chlorure ferrique, puis de gros prismes limpides qui ne précipitent plus le chlorure ferrique, même après addition d'ammoniaque. Ces mêmes prismes fondent au bain d'huile à 140°. Maintenus quelque temps à 160", ils se convertissent en cette matière rougeâtre, insoluble, que produit le bimalate d'ammoniaque à la même température, et que l'on a appelée, peut-être à tort, fumarimide. Le bifumarate d'ammoniaque, au contraire, ne fond pas même à 200°. Il s'est donc formé une petite quantité d'acide malique, aux dépens de l'acide fumarique. Peut-être réussirait-t-on mieux en employant une température plus élevée.

J'ai obtenu par hasard de superbes prismes de malate de plomb, ayant de 2 à 3 centimètres dans une dimension, et 3 à 4 millimètres dans les autres. Pour préparer un peu en grand l'acide malique, j'avais précipité par l'acétate de plomb une solution encore chaude de bimalate de chaux. Le précipité était très condensé, pas résineux cependant, et contre mon attente, au bout de quelques jours, il n'a pas cristallisé. Après quelques mois d'abandon, il s'y était formé çà et là quelques cavités contenant chacune un cristal limpide. Les cavités ont augmenté lentement en nombre et en dimension, les cristaux ont grossi, et, après deux ans, le précipité était converti en une masse de cristaux ayant tous le volume indiqué ci-dessus.

Acide aspartique

J'ai tenté de préparer l'éther aspartique en chauffant au bain d'huile, équivalents égaux d'aspartate de baryte sec et de sulfovinate de potasse. Le produit distillé consistait en alcool, et la cornue contenait du sulfate de potasse que j'ai enlevé par de l'eau, du sulfate de baryte et une matière rougeâtre que j'ai dissoute par l'acide chlorhydrique et précipitée par l'eau. Cette matière insipide, insoluble dans l'eau, a donné, par son ébullition avec de l'acide chlorhydrique, du chlorhydrate d'acide aspartique. C'était donc le même corps qui se forme par la distillation sèche du bimalate d'ammoniaque. Sa formation s'explique par l'équation suivante :

$$C^8 H^{12} N^2 O^7, Ba O + S^2 O^6, C^4 H^{10} O, KO$$
$$= SO^3, KO, SO^3 Ba O + C^4 H^{12} O^2 + C^8 H^{10} N^2 O^6.$$

Acide aconitique

L'acide aconitique naturel se transforme en acide succinique par la fermentation, ce qui est la conséquence de son isomérie avec les acides maléique et fumarique. Comme il diffère néanmoins de ces derniers acides par les produits de sa distillation sèche, tant à l'état libre que combiné à l'ammoniaque, j'ai cru qu'il n'était pas inutile de vérifier une fois de plus sa métamorphose en acide succinique. Je me suis servi cette fois de l'acide aconitique extrait de l'acide citrique, et j'ai réussi, comme pour l'acide retiré des équisetum, à le convertir en acide succinique par la fermentation.

XXIII

Note sur un acide obtenu par l'oxydation de l'acide malique, par M. V. DESSAIGNES (1).

« J'ai fait connaître sous le nom d'acide tartronique un acide dérivé par oxydation de l'acide tartrique, conformément à l'équation suivante :

$$C^8 H^{12} O^{12} = C^6 H^8 O^{10} + C^2 H^4 O^2,$$

« L'acide malique, par une oxydation semblable, donnerait un acide $C^6 H^8 O^8$, d'après l'équation

$$C^8 H^{12} O^{10} = C^6 H^8 O^8 + C^2 H^4 O^2.$$

« Cet acide, identique ou isomère à l'acide nicotique de M. Barral, serait le terme qui manque, dans la série oxalique, entre l'acide oxalique et l'acide succinique ; de plus, il présenterait avec l'acide tartronique les mêmes rapports de composition que l'acide succinique avec l'acide

(1) Comptes rendus des séances de l'Académie des Sciences. T. XLVII, p. 76. 12 juillet 1858.

malique. C'est cet acide que je propose de nommer provisoirement acide *malonique*, jusqu'à ce que son identité avec l'acide nicotique soit prouvée.

« Il est le produit de l'action oxydante du bichromate de potasse sur l'acide malique libre, mais ce n'est qu'un produit secondaire et dont la quantité est très petite relativement à l'acide malique mis en expérience. Dans une solution peu concentrée d'acide malique, je mets un morceau de bichromate que je remplace quand son action est épuisée, et j'évite en outre l'échauffement du mélange en plaçant sur l'eau froide la capsule qui le contient. La liqueur dégage de l'acide carbonique, exhale l'odeur de l'acide formique, et devient successivement verte, bleue et enfin brune. Cette dernière coloration est atteinte quand on a employé en bichromate un poids presque égal à celui de l'acide malique supposé sec. J'ajoute de l'eau, je chauffe modérément, et je précipite presque tout l'oxyde de chrome par un grand excès de lait de chaux. Je retire de la masse précipitée, par pression et par filtration, un liquide verdâtre qui est précipité par l'acétate de plomb. Le précipité contient une notable quantité de chromate de plomb que je sépare par l'acide nitrique, qui, s'il n'est pas mis en excès, ne dissout que le sel organique. La liqueur est filtrée et saturée aux trois quarts par l'ammoniaque. Le sel de plomb se reproduit en flocons blancs qui, en quelques heures, se resserrent beaucoup. Ce sel, lavé, est décomposé par l'hydrogène sulfuré, et la liqueur, filtrée et concentrée à une très douce chaleur, donne des lames cristallines surmontant un sirop verdâtre ou bleuâtre qui cristallise difficilement et confusément. Ce sirop est de l'acide malique retenant un peu d'oxyde de chrome, et dans les préparations les mieux conduites, il est au moins égal en poids aux cristaux. Ces derniers, égouttés sur du papier, sont purifiés par cristallisation.

« Le bimalate de chaux est oxydé lentement par le bichromate de potasse, mais dans cette réaction je n'ai pu saisir la formation de l'acide malonique. Il s'y produit au contraire une forte quantité d'oxalate de chaux. Le peroxyde de plomb attaque aussi à froid l'acide malique libre ; mais je n'ai pas trouvé l'acide nouveau dans les produits de la réaction.

« L'acide malonique se présente sous la forme de grands cristaux rhomboédriques qui ont une structure lamelleuse. Il est très soluble dans l'eau et dans l'alcool ; il a une saveur fortement acide. Chauffé à 100°, il perd environ 1/2 pour 100 d'eau interposée, en devenant opaque ; à 140 degrés il fond ; à 150 degrés il bouillonne et dégage de l'acide carbonique. Il distille sans laisser de résidu, et le produit condensé est un mélange d'acide acétique et d'acide malonique inaltéré, qu'il est facile de séparer par une seconde distillation. J'ai reconnu l'acide acétique à ses propriétés physiques et au sel qu'il forme avec l'oxyde de plomb. Sa formation s'explique par l'équation suivante :

$$C^6 H^8 O^8 = C^4 H^8 O^4 + C^2 O^4.$$

« Dans la distillation sèche du bimalonate d'ammoniaque, j'ai obtenu de même de l'acétate d'ammoniaque, de l'acide carbonique et du bicarbonate d'ammoniaque.

« Chauffé avec de l'acide sulfurique concentré, le nouvel acide se décompose en se colorant. Sa solution étendue forme avec l'acétate de plomb un précipité pulvérulent; avec le nitrate mercureux, un précipité qui noircit si l'on chauffe: elle réduit aussi le chlorure d'or à l'ébullition. Sa solution concentrée ne précipite pas l'acétate de potasse; elle précipite l'acétate de chaux et de baryte et le nitrate d'argent. Les précipités se dissolvent si on ajoute de l'eau. Le sel d'argent ne noircit pas par l'ébullition. Le malonate neutre d'ammoniaque précipite les sels de chaux, de baryte, d'argent et de mercure. Il décolore presque entièrement le chlorure ferrique, et n'empêche pas la précipitation de l'oxyde de fer par l'ammoniaque ajoutée au mélange des deux sels. Les sels neutres de potasse et d'ammonniaque sont déliquescents, mais ils cristallisent dans l'air sec. Les sels acides de ces mêmes bases cristallisent facilement en gros cristaux bien déterminés. Le sel neutre d'argent forme une poudre cristalline, le sel de baryte des houppes soyeuses, le sel de chaux de petites aiguilles transparentes.

« L'analyse a donné les nombres suivants :

	I	II	Calcul
C^6....	34,30	34,51	34,61
H^8....	3,89	3,93	3,85
O^8....	»	»	61,54
			100,00

« J'ai trouvé dans le sel d'argent obtenu par le malonate acide d'ammoniaque et le nitrate d'argent, 67,65 et 67,97 pour 100 d'argent. La formule $C^6 H^4 Ag^2 O^8$ demande 67,92.

« Les analogies de l'acide malonique avec l'acide oxalique sont évidentes : de même que celui-ci se décompose en acide carbonique et en acide formique, le nouvel acide se dédouble en acides carbonique et acétique, mais il ne montre pas avec l'acide succinique, qui le suit dans la série, cette gradation des fonctions chimiques qui signale la vraie homologie. »

XXIV

Résultats d'une expérience entreprise dans le but de modifier l'acide tartrique par voie de réduction, Extrait d'une lettre de M. DESSAIGNES à M. Elie DE BEAUMONT (1).

« Lorsque l'on rapproche les unes des autres les formules des acides succinique, malique, aspartique, on voit aisément qu'elles ont entre elles le même rapport qui existe entre les formules des acides acétique, glycollique et du glycocolle. L'acide tartrique aussi paraît faire partie de la première

(1) Comptes rendus des séances de l'Académie des Sciences. T. L, p. 759. 16 avril 1860.

famille d'acides, et si l'acide malique est de l'acide oxysuccinique, on peut regarder l'acide tartrique comme de l'acide bioxysuccinique. Il ne serait sans doute pas facile de suroxyder l'acide succinique, mais j'ai réussi à réduire l'acide tartrique et à le convertir en acide succinique.

« J'introduis dans un tube de l'iode et du phosphore dans les proportions nécessaires pour faire du bi-iodure de phosphore, mais je les sépare par au moins un poids égal d'acide tartrique en poudre, j'ajoute un peu d'eau, je scelle le tube à la lampe et je le chauffe plusieurs jours au bain d'eau bouillante. Le mélange, qui se colore fortement dès que l'iode vient en contact avec le phosphore, se décolore rapidement lorsque l'on chauffe, puis se colore de nouveau de plus en plus par la séparation de l'iode. Le contenu du tube, légèrement étendu d'eau et évaporé, dépose des cristaux qui, débarrassés d'iode par le sulfure de carbone et purifiés par cristallisation dans l'eau, puis par dissolution dans l'éther, m'ont présenté les propriétés physiques et toutes les réactions de l'acide succinique. J'en ai, en outre, analysé le sel d'argent. Je m'occupe en ce moment à varier cette expérience pour essayer d'obtenir l'acide malique, et à soumettre l'acide malique lui-même et l'acide citrique à la même réaction. »

XXV

Acide malique obtenu par la désoxydation de l'acide tartrique, Note de M. V. Dessaignes (1).

« En poursuivant l'étude des métamorphoses de l'acide tartrique sous l'influence de l'acide hydriotique, j'ai observé le fait suivant sur lequel je me permets d'appeler l'attention de l'Académie.

« La parenté de l'acide tartrique et de l'acide malique a été démontrée par la formation de l'acide succinique, aux dépens de ces deux acides, comme l'ont fait voir les expériences de M. Schmitt et les miennes. Je viens en donner une nouvelle preuve en montrant que l'acide tartrique se convertit en acide malique par désoxydation. En effet, j'ai trouvé ce dernier acide dans les eaux mères provenant de la préparation de l'acide succinique par l'action de l'iode et du phosphore sur l'acide tartrique, et je l'ai isolé de la manière suivante. Cette eau mère, colorée par l'iode, a été saturée à froid par un lait de chaux et filtrée pour éliminer l'acide phosphorique. La liqueur filtrée a été précipitée par l'acétate de plomb, et le précipité décomposé par l'hydrogène sulfuré. Le nouveau liquide évaporé pour chas-

(1) Comptes rendus des séances de l'Académie des Sciences. T. LI, p. 372. 3 septembre 1860.

ser une partie de l'acide hydriotique, a été de nouveau traité par l'acétate de plomb en fractionnant la précipitation. Le premier précipité jaune était de l'iodure de plomb. Le deuxième, entièrement blanc, a été décomposé par l'hydrogène sulfuré. La dissolution acide, ainsi obtenue, évaporée au bain d'eau, a laissé une masse confusément cristallisée, qui à l'air se liquéfiait partiellement. Les cristaux non déliquescents consistaient en acide succinique. La partie déliquescente a été à demi saturée par l'ammoniaque, et on a obtenu par évaporation des prismes bien solubles souillés par une poudre cristalline peu soluble qui était de la crème de tartre. Les prismes ont été encore précipités par l'acétate de plomb, et comme le sel de plomb refusait de cristalliser, on l'a fait bouillir avec de l'eau : c'est la portion de ce sel soluble dans l'eau bouillante qui, par l'hydrogène sulfuré, a enfin donné de l'acide malique à peu près pur. Cet acide présentait en effet toutes les propriétés physiques et toutes les réactions de l'acide malique. Je citerai entre autres les faits suivants : par la distillation sèche il a produit de l'acide fumarique, et son bi-sel ammoniacal chauffé à 170° a donné de la fumarimide, qui elle-même, par l'action de l'acide chlorhydrique, a formé de l'acide aspartique inactif, bien cristallisé et facile à reconnaître. »

XXVI

Transformation de l'acide aconitique par l'action de l'amalgame de sodium ; Note de M. V. Dessaignes (1).

« Dans son beau travail sur les acides organiques, M. Kékulé nous a appris que les acides itaconique et citraconique, en contact avec l'amalgame de sodium, se combinent à ce métal, sans dégager d'hydrogène, en formant de l'acide pyrotartrique ; de la même manière que leurs homologues, les acides fumarique et maléique, par cette même réaction, se convertissent en acide succinique. J'ai trouvé, il y a quelques années, que l'acide aconitique qui, si on le suppose bibasique, serait isomère des acides fumarique et maléique, comme ces acides, subissait la fermentation succinique.

« Par l'action du sodium l'acide aconitique éprouve-t-il la même transformation ? A en juger à première vue, il semble qu'il n'en soit rien, car une dissolution de cet acide, à laquelle on ajoute de l'amalgame de sodium, produit une vive effervescence, qui devient très lente lorsque l'acide est saturé. L'opération a été prolongée quel-

(1) Comptes rendus des séances de l'Académie des Sciences. T. LV, p. 510 ; 22 septembre 1862.

11

ques jours en ajoutant de temps en temps quelques gouttes d'acide chlorhydrique ; puis, après addition d'un excès du même acide, la solution a été évaporée à siccité ; le résidu a été épuisé par l'alcool, l'alcool chassé au bain-marie et le nouveau résidu traité par l'éther.

« J'ai obtenu ainsi un acide qui n'est ni l'acide aconitique, ni l'acide succinique, quoiqu'il se rapproche de ces deux acides, et surtout du dernier, par certains caractères. Il est plus soluble dans l'eau que l'acide aconitique. 100 parties d'eau dissolvent 18,62 de ce dernier corps à 13° ; à 14° 100 parties d'eau dissolvent 40,52 du premier. Celui-ci, même en solution saturée, est long à cristalliser ; il forme des disques rayonnés dont les cristaux élémentaires sont bien plus gros que ceux de l'acide aconitique ; il fond à 155°, il ne commence à se colorer qu'au delà de 200° ; par le refroidissement il ne cristallise qu'à la longue ; chauffé brusquement dans un tube d'essai, il donne un sublimé blanc et laisse un faible résidu brun. Il peut être bouilli avec de l'acide nitrique concentré sans subir la moindre altération : il ressemble en cela à l'acide succinique, mais non à l'acide aconitique, qui est décomposé avec dégagement de vapeurs rutilantes.

« Ces deux acides, quand ils sont libres, ne précipitent pas les nitrates argentique, cuivrique, mercurique, ni les chlorures barytique, calcique et ferrique. L'acide aconitique précipite le chlorure de zinc et le nitrate mercureux ; avec l'acide nouveau et ces deux réactifs, la précipitation n'a lieu que si les liqueurs sont concentrées. Les solutions des deux acides incomplètement saturés par l'ammoniaque précipitent le nitrate d'argent. Le sel d'argent de l'acide nouveau, d'abord floconneux, se resserre après quelques heures et devient un peu grenu, sans être distinctement cristallin. Le sel neutre d'ammoniaque précipite le chlorure ferrique de la même manière que l'aconitate d'ammoniaque.

« L'acide succinique diffère de l'acide nouveau en ce qu'il précipite le nitrate d'argent, même lorsqu'il est libre, et en ce que son sel de soude neutre cristallise facilement, ce que ne fait pas le sel de soude de l'acide nouveau. Le sel neutre d'ammoniaque de l'acide nouveau sublimé précipite le chlorure ferrique ; par ce caractère il se rapproche de l'acide succinique et s'éloigne de l'acide aconitique.

« L'analyse de l'acide libre m'a donné en centièmes : carbone 40,28, hydrogène 4,49. Le sel d'argent calciné a laissé 64,82 pour 100 d'argent. Ces nombres ne s'accordent pas entièrement avec la composition déduite des deux formules : $C^{12} H^{16} O^{12}$ et $C^{12} H^{18} O^{12}$ que l'on peut attribuer avec le plus de probabilité à cet acide ; c'est ce défaut d'accord qui m'a empêché de publier plus tôt les résultats précédents, que j'ai obtenus il y a déjà quelques mois. Mais je viens d'apprendre que M. Kékulé, dans le dernier cahier des *Annalen der Chemie*, annonce qu'il a soumis l'acide aconitique à l'action de l'amalgame de sodium, sans entrer dans aucun détail sur l'issue de ses recherches. Je crois donc ne pouvoir mieux faire que de laisser à cet habile chimiste le soin d'étudier complètement cette réaction, et j'ai pensé qu'il me serait permis de faire connaître mes observations, tout imparfaites qu'elles soient. »

XXVII

Sur deux acides organiques nouveaux, Lettre de M. Dessaignes à M. le Secrétaire perpétuel (1).

« La production de l'acide tartrique par l'oxydation du sucre de lait, celle de l'acide racémique par l'oxydation de la dulcine, m'ont fait espérer que l'on pourrait obtenir directement l'acide tartrique gauche en traitant par l'acide nitrique la sorbine qui dévie à gauche le plan de polarisation de la lumière. J'ai donc étudié cette réaction et, en suivant à peu près le procédé de M. Liebig, j'ai produit et isolé deux acides : l'un, l'acide racémique ordinaire, caractérisé par la forme et la composition de son sel de chaux ; l'autre, l'acide tartrique droit. En effet, mélangé en parties égales avec l'acide ordinaire, il ne forme pas d'acide racémique ; de plus, M. Chau-

(1) Comptes rendus des séances de l'Académie des Sciences. T. LV, p. 769. 17 novembre 1862.

tard s'est assuré, à ma prière, qu'il dévie à droite la lumière polarisée.

« En traitant successivement par l'acétate de chaux et par l'acétate de plomb le sirop acide, dont j'avais séparé, autant que possible, le biracémate et le bitartrate d'ammoniaque, j'ai obtenu deux acides dont la purification a été longue et difficile. Celui qui est surtout contenu dans le précipité par l'acétate de plomb, et que je propose de nommer *acide aposorbique*, présente les propriétés suivantes : il cristallise en lames confusément enchevêtrées ; j'ai rarement observé des rhomboèdres aigus et minces, dont quelques-uns isolés. 100 parties de cet acide, à 15°, exigent 163 parties d'eau pour se dissoudre. Il ne s'effleurit pas dans le vide et ne perd pas de son poids à 100° ; il fond vers 110° en perdant de l'eau ; à 170° il bouillonne en se colorant ; à 200° il laisse une masse noire huileuse. Le liquide distillé, qui est peu acide, ne contient pas d'acide pyruvique. Voici les nombres que j'ai obtenus par l'analyse de l'acide séché sur l'acide sulfurique :

	I	II	Calcul		Observation
C....	32,92	33,10	C^{10}....	33,33	L'acide de la pre-
H....	1,30	1,65	H^{16}....	4,11	mière analyse était
O....	»	»	O^{14}....	62,22	moins pur que ce-
				100,»»	lui de la deuxième.

« Le sel d'argent n'est pas cristallin ; séché sur l'acide sulfurique, il m'a donné :

	I	II	III	Calcul
C....	15,19	»	»	C^{10}.... 15,23
H....	1,63	»	»	H^{12}.... 1,52
Ag...	»	51,51	51,75	Ag^{2}... 51,82
O ...	»	»	»	O^{14}.... 28,43
				100,00

« Le sel de chaux cristallisé contient 19,77 pour 100 de chaux, ce qui s'accorde avec la formule C^{10} H^{12} Ca^{2} O^{14}, H^{16} O^{8}. Le sel de plomb est basique et non cristallin ; il renferme 67,54 de plomb, ce qui correspond à la formule C^{10} H^{12} Pb^{2} O^{14}, 2 Pb O.

« L'acide aposorbique, à demi saturé par l'ammoniaque, ne donne pas de précipité cristallin. En effet, son bisel ammoniaque forme des houppes soyeuses bien solubles ; il ne précipite ni par l'acétate de potasse ni par le nitrate mercurique ; mais d'un autre côté il ressemble beaucoup à l'acide tartrique, et surtout par sa réaction avec le chlorure calcique et par la solubilité de son sel de chaux dans le sel ammoniac et la potasse.

« Le deuxième acide que j'ai extrait du précipité par l'acétate de chaux a été aussi obtenu par moi par la transformation de l'acide tartrique et de l'acide racémique, soumis à l'action très prolongée (au moins 400 heures) de l'acide chlorhydrique bouillant. Quand je le prépare à l'aide de l'acide tartrique, après avoir éloigné par cristallisation l'acide tartrique non altéré et un peu d'acide racémique, après avoir chassé l'acide

chlorhydrique au bain-marie, je sature à demi
par l'ammoniaque, ce qui donne beaucoup de
bitartrate ammoniaque; je filtre, je concentre la
liqueur, qui laisse cristalliser de magnifiques
cristaux compliqués par de nombreuses facettes,
d'un bi-sel ammoniaque de l'acide nouveau. Quand
je le prépare avec l'acide racémique, je fais cristalliser l'acide racémique non altéré, je chasse
l'acide chlorhydrique au bain-marie, sature à moitié par l'ammoniaque et précipite par l'acétate de
chaux.

« Cet acide, que j'appellerai *mésotartrique,* offre des tables rectangulaires se recouvrant en partie ou des prismes irrégulièrement groupés, rarement des prismes isolés, présentant une trémie
sur une de leurs faces. Il est très soluble. 100
parties d'acide se dissolvent à 15° dans 80 parties d'eau. Dans le vide, il s'effleurit en perdant
de l'eau, mais très lentement. Par son exposition
à l'air, il reprend rapidement son poids primitif.
Chauffé à 100°, il se déshydrate complètement en
perdant environ 11 pour 100 de son poids. Dissous ensuite dans peu d'eau, et amené promptement à cristalliser, il forme de gros cristaux
semblables à ceux de l'acide tartrique et qui sont
sans eau de cristallisation. Ces cristaux redissous reproduisent à la longue l'acide hydraté.
J'ai analysé l'acide hydraté des trois provenan-
ces que j'ai indiquées et j'ai obtenu:

	I	II	III	Calcul	
C....	28,20	28,22	28,31	C^8....	28,57
H....	4,90	4,76	4,91	H^{16}...	4,76
				O^{14}...	66,67
					100,00

« On voit que cet acide a la composition de l'acide racémique.

« L'acide mésotartrique fond à 140°, émet un peu de gaz à 195° et se colore légèrement; il distille alors un liquide acide, dans lequel j'ai pu constater la présence de l'acide pyruvique à l'aide du sulfate ferreux et du sulfate de cuivre. L'acide mésotartrique ressemble à l'acide tartrique par ses réactions; mais il en diffère par un caractère important. Une addition ménagée d'ammoniaque ou d'acétate de potasse à sa solution concentrée ne donne pas de précipité cristallin. Il ne précipite pas le sulfate de chaux; mais son sel de chaux, dissous dans l'acide chlorhydrique, puis saturé par l'ammoniaque, donne un précipité que l'agitation ne dissout pas. Ce même sel de chaux se comporte avec la potasse comme le tartrate de chaux. J'ai analysé les sels d'argent, de plomb et de chaux, qui tous les trois cristallisent en cristaux bien distincts et brillants. Le sel d'argent perd à 100° 4,59 d'eau; il contient 56,52, 56,45 et 56,39 parties d'argent, ce qui répond à la formule $C^8 H^8 Ag^2 O^{12}, H^4 O^2$. La formule du sel de plomb est $C^8 H^8 Pb^2 O^{12}, H^4 O^2$; celle du mésotartrate de chaux est $C^8 H^8 Ca^2 O^{12}, H^{16} O^8$.

« Enfin, j'ajouterai que dans l'eau mère du bimésotartrate d'ammoniaque, préparé avec l'acide tartrique, j'ai trouvé encore un sel d'ammoniaque d'où j'ai retiré de l'acide pyrotartrique. Ainsi l'acide tartrique, chauffé longtemps avec l'acide chlorhydrique, se convertit en partie en acide racémique, acide pyrotartrique et acide mésotartrique. »

Ce travail important a donné à M. Pasteur l'occasion d'adresser à V. Dessaignes les réflexions contenues dans les deux lettres suivantes :

UNIVERSITÉ DE FRANCE   ÉCOLE NORMALE SUPÉRIEURE

Paris, le 19 novembre 1862.

« Monsieur & très honoré Confrère,

« Je vous suis mille fois obligé de votre aimable lettre, et de la note, et des échantillons qui l'accompagnaient. Conformément à votre désir, je communiquerai votre note à la Société chimique dans sa plus prochaine réunion, qui n'aura lieu toutefois que le 28 du courant, et je demanderai qu'elle paraisse *in extenso* dans le Bulletin, car elle est fort intéressante comme tout ce qui sort de vos très habiles mains. Votre acide mésotartrique est bien, en effet, l'acide que j'ai appelé acide tartrique inactif, mais les modes de préparation que vous en donnez me font un grand plaisir et méritent une sérieuse attention. Cependant je ne puis pas être de votre avis lorsque vous paraissez préférer le nom d'acide mésotartrique à celui d'acide tartrique inactif. Cette dernière dénomination dit beaucoup de choses, et tant que les progrès de la science ne les auront pas démenties, il est très utile, selon moi, d'en conserver la trace dans le nom par lequel nous désignons cette variété ou sous-espèce tartrique, comme dirait M. Chevreul.

« Qu'importe que l'acide tartrique inactif soit, chimiquement, plus éloigné de l'acide tartrique droit ordinaire que de l'acide tartrique gauche ? Ce n'est là qu'un indice de plus de l'influence de la dissymétrie moléculaire sur les propriétés chimiques des corps qui en sont doués, comparativement à ceux qui ne la possèdent pas.

« Combien je regrette, Monsieur, de n'être plus comme vous dans ces attrayantes études! Celles que je poursuis m'intéressent extrèmement, il est vrai: mais que l'on est heureux de se reposer sur la confiance et la certitude que donnent, par exemple, la vue des cristaux, l'analyse des corps purs, etc!... Poursuivez donc votre voie, et donnez-nous toujours de temps à autre des modèles pour la recherche de la vérité dans la chimie organique des principes immédiats.

« Veuillez agréer, Monsieur & cher Confrère, l'expression des sentiments de très haute estime avec lesquels j'ai l'honneur d'être votre tout dévoué confrère.

« L. Pasteur. »

Nous croyons savoir que, contrairement à l'opinion de M. Pasteur, le nom d'acide mésotartrique a prévalu, et qu'il est de plus en plus employé par les chimistes.

ÉCOLE NORMALE SUPÉRIEURE

« Paris, le 13 décembre 1862.

« Monsieur & cher Confrère,

« Mille remerciements. Les visites que mon élection a nécessitées m'ont empêché de vous écrire moi-même pour avoir ces renseignements sur la préparation de l'acide tartrique inactif. Je gronderai mon préparateur Duclaux de ne pas écrire lisiblement son nom. Je désire, en effet, me procurer un peu de cet acide pour reprendre mes anciennes observations qui sont assez nombreuses mais inédites. Il y en a de très intéressantes: par exemple, j'avais vu que l'éther neutre de cet acide cristallise, que son amide est fort belle, et que certains sels sont isomorphes, moins l'hémiédrie avec les tartrates correspondants ordinaires. Et c'est surtout sous le rapport cristallographique que je voudrais étudier tous ses produits dérivés. J'espère bien que la Section de chimie me donnera bientôt l'occasion de vous renvoyer vos félicitations cordiales au sujet de ma nomination comme académicien, félicitations dont je vous remercie de tout cœur.

« Votre dévoué confrère,

« L. Pasteur. »

XXVIII

Note sur la transformation de l'acide tartrique inactif en acide racémique, par M. V. Dessaignes (1).

J'ai fait voir qu'une petite quantité d'acide tartrique inactif prend naissance lorsqu'on soumet l'acide tartrique ordinaire ou l'acide racémique à l'action prolongée de la chaleur, ou lorsqu'on les fait bouillir longtemps avec de l'acide chlorhydrique. Dans ces conditions, la transformation, qui est très limitée, l'est-elle parce que l'acide tartrique inactif subit lui-même une transformation inverse? Pour m'en assurer, j'ai distillé, à 200°, l'acide tartrique inactif sec, jusqu'à ce qu'environ le tiers de l'acide eût donné des produits volatils. La liqueur distillée consiste surtout en acide pyruvique. Dans le résidu de la

(1) Bulletin de la Société Chimique, N. Série 3 - 4 - 5 - 6, p. 34 (1865-66).

cornue, qui n'est que légèrement coloré, il se forme au bout d'un long temps quelques cristaux qui sont de l'acide tartrique inactif non altéré. L'eau mère de ces cristaux, qui est un sirop épais, a été à demi neutralisée par l'ammoniaque, et on en a retiré deux bisels, par des cristallisations multipliées; l'un peu soluble, formait environ le tiers de la masse, et j'en ai extrait de l'acide racémique facile à distinguer de l'acide tartrique ordinaire. L'autre sel, plus soluble, n'était que du bitartrate inactif d'ammoniaque.

L'acide tartrique inactif sous les mêmes influences qui le font naître aux dépens de l'acide racémique, se convertit donc lui-même en acide racémique, et peut ainsi indirectement être dédoublé en acide tartrique droit et en acide tartrique gauche. Je me suis aussi assuré que, par une ébullition prolongée de l'acide tartrique inactif dissous dans l'acide chlorhydrique, on le convertit partiellement en acide racémique.

XXIX

Analyse de l'Eau des Fontaines (1).

De l'eau de plusieurs sources réunies a été prise dans un flacon.

(1) Ce travail n'a pas été rédigé. Il existe sous forme de notes, forme que nous lui conservons. Cette analyse d'une eau ayant quelque réputation thérapeutique à Vendôme, devait trouver place à la fin de ce recueil.

Le papier rouge dans un flacon plein d'eau a bleui sensiblement.

L'oxalate d'ammoniaque donne un précipité assez abondant et immédiat.

Le nitrate d'argent donne un précipité qui persiste en grande partie après addition d'acide nitrique.

Cl^2 Ba donne un précipité abondant qui disparait complètement par addition d'acide $Cl^2 H^2$.

SO^3 CuO : trouble blanchâtre et bleu.

Cl^2 Ca : rien.

Chlorure d'or à l'ébullition : rien.

L'ammoniaque donne un léger précipité blanc.

Cyano-ferride et une goutte d'acide : rien.

Noix de galles : rien.

Recherche de l'acide carbonique

180 centimètres cubes de l'eau des Fontaines ont été précipités par du chlorure de calcium, après avoir été préalablement additionnés d'ammoniaque. Le tout a été abandonné pendant 24 heures ; après quoi on a filtré sur un papier Berzélius, et on a lavé à l'eau distillée jusqu'à ce que la goutte de liquide sortant par la douille de l'entonnoir ne précipitât plus par le nitrate argentique. Cela fait, on a séché le précipité et on l'a calciné dans un creuset de platine, en ayant soin de supprimer le papier de la portion du filtre à laquelle n'adhérait aucune portion de précipité. Par l'addition d'acide sulfurique on a transformé la chaux en sulfate, qu'on a chauffé

fortement, puis pesé. Son poids était égal à 0,108 ; ce qui représente 0,0349 d'acide carbonique pour la quantité d'eau employée à cette expérience, ou 0,1939 pour un litre d'eau.

Recherche du chlore

150 centimètres cubes d'eau ont été traités par une liqueur titrée de nitrate d'argent pur, et cette opération a fait voir que la quantité précitée renfermait 0,00385937 de chlore, ce qui fait 0,0257 de chlore par litre d'eau.

Evaporation de l'eau

Cinq litres ont été évaporés à feu doux, d'abord à feu nu, puis au bain de sable, et enfin au bain-marie. Le résidu a été séché pendant deux heures dans une étuve à huile à 140°. On a pris ensuite son poids qui était égal à 1,682, ce qui fait 0,3364 de résidu solide et sec pour un litre de liquide.

Ce résidu était grisâtre, très alcalin ; on l'a calciné fortement et graduellement. Il s'est dégagé des vapeurs blanches qui n'augmentaient pas par l'approche d'un tube imprégné d'ammoniaque.....

Le résidu pesait 14,47. Il était blanc. On l'a traité par de l'eau distillée aiguisée d'acide chlorhydrique. De là une effervescence très abondante et une portion qui a refusé de se dissoudre, même à chaud.

Cette portion a été séparée sur un filtre Berzélius et lavée, puis séchée et calcinée; elle était grise et pesait 0^{gr},045. ce qui fait 0^{gr},009 pour un litre.

L'eau de lavage et la partie liquide ont été précipitées par l'ammoniaque, qui en a séparé de l'alumine et de l'oxyde de fer qui, lavés et séchés, pesaient 0,020, ce qui donne 0,004 pour un litre. Le nouveau liquide réuni aux eaux de lavage a été additionné d'oxalate ammonique, qui y a produit un précipité blanc volumineux, qu'on a recueilli sur un filtre après l'avoir préalablement fait bouillir, qu'on a ensuite lavé à l'eau distillée, séché et décomposé lentement par la chaleur, de manière à n'opérer que la décomposition de l'acide oxalique en acide carbonique. Le précipité qui alors était grisâtre a été pesé. Son poids était égal à 1,2745, ce qui représente 0,7137 de chaux, ou 0,14274 par litre.

Le nouveau liquide séparé de l'oxalate calcaire et réuni aux eaux de lavage a été additionné de phosphate sodique, et le tout a été abandonné pendant 24 heures.

Au bout de ce temps, il s'était déposé au fond du vase, et sur les parois de ce dernier, du phosphate ammoniaco-magnésien sous forme de cristaux pennés, qu'on a recueillis sur un filtre, où on les a lavés avec une eau ammoniacale. On les a ensuite séchés et calcinés fortement.

Le résidu de phosphate de magnésie pesait 0,054 représentant 0,01978 de magnésie, ce qui fait 0,003956 de magnésie pour un litre.

Recherche du chlore dans
le résidu non calciné de l'évaporation de l'eau

Cet essai a pleinement confirmé celui pratiqué sur l'eau elle-même.

Recherche du chlore
dans le résidu calciné de l'évaporation de l'eau

$0^{gr},1682$ de résidu non calciné, c'est-à-dire le résidu de 500 centimètres cubes ou 1/2 litre d'eau a été calciné fortement, puis dissous par l'acide nitrique. La liqueur normale de nitrate d'argent nous y a fait voir l'existence de la même quantité de chlore.

Recherche qualitative
de l'acide nitrique dans le résidu

Au moyen du sulfate de protoxide de fer et d'acide sulfurique pur et concentré, nous avons obtenu une coloration rose bien sensible dès que nous avons ajouté à ces substances une petite quantité de résidu non calciné.

Recherche qualitative de l'ammoniaque

Une petite portion de résidu non calciné a été introduite dans un tube en verre fermé par un bout; par l'addition d'un petit fragment de potasse et à l'aide d'une douce chaleur, il s'est dégagé des vapeurs qui ont bleui un papier rouge de tournesol?

Recherche quantitative
de la potasse & de la soude

0gr,548 de résidu non calciné, ou 0,4713 de résidu calciné, c'est-à-dire la quantité de résidu correspondant à 1629 centimètres cubes d'eau, ont été calcinés au rouge, puis redissous dans l'eau distillée, pour entraîner les matières solubles, et les séparer de celles qui étaient insolubles qui pesaient 0,315 ?

Le liquide a été traité par le carbonate ammonique, afin d'en séparer à l'état de carbonate la chaux qui dans le résidu se trouvait dissoute à l'aide de l'acide chlorhydrique.

Le résidu du carbonate calcaire pesait 0,040, ce qui représente 0,0224 de chaux ou 0,01699 de calcium ou 0,0471 de chlorure calcique, ce qui fait 0,0289 de ce sel pour un litre d'eau.

Le liquide contenant les sels de potasse et de soude a été évaporé à sec et le résidu pesé. Son poids était égal à 0,083 ; il a été redissous dans le moins d'eau possible, puis additionné de chlorure platinique. Le résidu lavé à l'alcool sur un filtre et calciné pesait 0,039, ce qui représente 0,0294 de chlorure potassique. En retranchant cette quantité du résidu soluble, on obtient 0,0536 pour la quantité de chlorure de sodium, plus les impuretés.

FIN

Vendôme. Typ. Lemercier.

www.ingramcontent.com/pod-product-compliance
Ingram Content Group UK Ltd.
Pitfield, Milton Keynes, MK11 3LW, UK
UKHW020248180726
13839UKWH00001B/252